高等职业教育精品工程系列教材

# FANUC 工业机器人视觉应用技术

孟　凯　项万明　主　编
张海英　金爱国　副主编

電子工業出版社
Publishing House of Electronics Industry
北京 • BEIJING

## 内 容 简 介

本书以对一台 FANUC 工业机器人视觉系统实训平台进行操作为主线。通过本书，读者可以了解视觉系统的控制原理，熟悉视觉系统的硬件组成和电气原理图，掌握视觉系统的电气连接和功能调试，根据电气图纸进行规范的视觉系统电气连接、调试等工作。

本书的主要内容包括 iRVision 概述、相机的安装和设置、相机标定、视觉处理程序、机器人视觉程序、2D 视觉摆放象棋棋子的应用、2D 视觉在工业机器人分拣生产线上的应用。

本书既可作为企业培训用书，也可作为职业院校工业机器人技术应用专业和机电一体化专业的教学用书，还可作为从事视觉系统调试的工程技术人员的参考用书。



**图书在版编目（CIP）数据**

FANUC 工业机器人视觉应用技术 / 孟凯，项万明主编. —北京：电子工业出版社，2022.5

ISBN 978-7-121-43380-1

Ⅰ. ①F… Ⅱ. ①孟… ②项… Ⅲ. ①工业机器人－计算机视觉－高等学校－教材 Ⅳ. ①TP242.2

中国版本图书馆 CIP 数据核字（2022）第 073659 号

责任编辑：郭乃明　　　　特约编辑：田学清
印　　刷：北京雁林吉兆印刷有限公司
装　　订：北京雁林吉兆印刷有限公司
出版发行：电子工业出版社
　　　　　北京市海淀区万寿路 173 信箱　　邮编：100036
开　　本：787×1092　1/16　印张：9.5　字数：243.2 千字
版　　次：2022 年 5 月第 1 版
印　　次：2022 年 5 月第 1 次印刷
定　　价：35.00 元

凡所购买电子工业出版社图书有缺损问题，请向购买书店调换。若书店售缺，请与本社发行部联系，联系及邮购电话：（010）88254888，88258888。

质量投诉请发邮件至 zlts@phei.com.cn，盗版侵权举报请发邮件至 dbqq@phei.com.cn。

本书咨询联系方式：guonm@phei.com.cn，QQ34825072。

# 前　言

本书依据 FANUC 机器人的特点，并参照相关的国家职业技能标准编写而成。本书在编写过程中贯彻了“以服务为宗旨、以就业为导向”的执教理念，结合了企业技术工程师的一线经验。

本书以对一台 FANUC 工业机器人视觉系统实训平台进行操作为主线。通过本书让读者了解视觉系统的控制原理，熟悉视觉系统的硬件组成和电气原理图，掌握视觉系统的电气连接和功能调试，可以根据电气图纸进行规范的工业机器人视觉系统的电气连接、调试等工作。

本书的主要内容包括 iRVision 概述、相机的安装和设置、相机标定、视觉处理程序、机器人视觉程序、2D 视觉摆放象棋棋子的应用、2D 视觉在工业机器人分拣生产线上的应用。

本书既可作为企业培训用书，也可作为职业院校工业机器人技术应用专业和机电一体化专业的教学用书，还可作为从事视觉系统调试的工程技术人员的参考用书。

本书采用模块组合式结构，采用栏目贯穿的方式，图文有机搭配，力求文字精练，语言通而不俗，文字显而不浅，插图清晰直观。

本书包含 7 个学习项目，共安排 52 学时，各部分学时分配建议如下表所示。

| 章　节 | 标题与内容 | 建议学时 |
|---|---|---|
| 项目一 | iRVision 概述 | 4 |
| 项目二 | 相机的安装和设置 | 4 |
| 项目三 | 相机标定 | 6 |
| 项目四 | 视觉处理程序 | 12 |
| 项目五 | 机器人视觉程序 | 6 |
| 项目六 | 2D 视觉摆放象棋棋子的应用 | 10 |
| 项目七 | 2D 视觉在工业机器人分拣生产线上的应用 | 10 |
| 总学时 | | 52 |

本书由宁波职业技术学院孟凯、杭州技师学院项万明担任主编，宁波职业技术学院张海英、金爱国担任副主编，全书由孟凯统稿。编写分工如下：项目一、项目二由张海英、金爱国编写；项目三、项目四、项目五由孟凯编写；项目六、项目七由项万明编写。

本书在编写过程中参考了大量的文献资料，在此向文献资料的作者致以诚挚的谢意。由于编写时间及编者水平有限，书中难免有错误和不妥之处，恳请广大读者批评指正。

# 目 录

# 项 目 一

## iRVision 概述

## 项目教学导航

| | | |
|---|---|---|
| 教 | 教学目标 | 1. 了解 FANUC iRVision 系统<br>2. 掌握 iRVision 系统的构成<br>3. 掌握 iRVision 系统的分类 |
| | 知识重点 | 1. iRVision 视觉数据的作用<br>2. iRVision-2D 的设置流程 |
| | 知识难点 | iRVision 系统应用分类 |
| | 推荐教学方法 | 步骤讲解与实际操作相结合 |
| | 建议学时 | 4 学时 |
| 学 | 学习目标 | 1. 了解 FANUC iRVision 系统<br>2. 掌握 iRVision 系统的构成<br>3. 掌握 iRVision 系统的分类 |
| 做 | 实训任务 | 1. 操作 FANUC iRVision 系统的各个界面<br>2. iRVision 的功能<br>3. iRVision-2D 设置流程的各个界面<br>4. iRVision 的构成和分类 |

## 项目引入

**问**：FANUC iRVision 是什么？

**答**：iRVision 是 FANUC 机器人系统中的智能视觉系统，iRVision 集成于 FANUC 机器人系统，从而实现了机器视觉不再需要独立的视觉系统。

**问**：FANUC iRVision 的流程是如何设置的？

**答**：不着急哟，本项目将通过详细讲述 FANUC iRVision 的功能、构成、应用分类和视觉数据，掌握其设置流程。

## 知识图谱

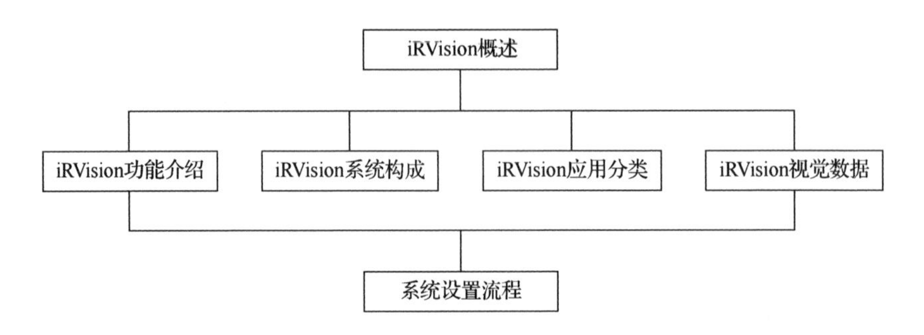

本项目以 FANUC 机器人 iRVision 视觉为例，介绍 iRVision 的功能、构成和分类，让大家认识 iRVision 系统，同时介绍 iRVision 的数据组成，以了解 iRVision 的设置流程。通过本项目的学习可以掌握 iRVision 的功能、构成、分类、设置流程，对 iRVision 系统有一个全面的了解。

## 任务一　iRVision 功能介绍

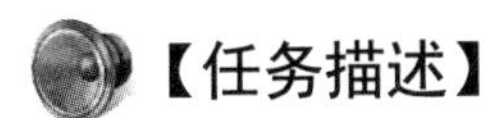

### 【任务描述】

了解 iRVision 的功能和特点。

### 【学前准备】

1. 查阅资料了解视觉的概念。
2. 查阅资料了解视觉的工作原理。
3. 了解机器人和视觉的关系。

### 【学习目标】

通过对 iRVision 的讲述和 FANUC 工业机器人 iRVision 系统硬件和软件结构的学习，以小组为单位，完成实训任务，探究机器人视觉系统的组成。

### 【学习要求】

1. 服从实习安排，认真、积极、主动地完成规定的任务，保证任务学习的效果。

2. 认真学习，收集任务相关资料，将任务完成过程中所遇到的问题记录下来，并和老师、同学共同探讨。

3. 以小组为单位，每个小组 4～6 人，进行讨论交流，并提交分析报告，制作相应的 PPT。

【任务学习】

## 一、iRVision 系统功能

iRVision集成于FANUC机器人系统，从而实现了机器视觉不再需要独立的视觉系统，这令原来复杂的“机器视觉”变得更加简单，大大地降低了视觉系统的使用成本。

iRVision 对 FANUC 机器人抓取的物体进行视觉识别，并且把被识别的物体的颜色、形状、位置等特征信息发送给中央控制器和机器人控制器，机器人则根据被识别的物体具有的不同特征而执行相对应的动作。对被识别的物体进行检测时，iRVision 通过安装于机器人系统中的视觉软件包，使用 CCD 工业相机引导机器人实现智能视觉定位、视觉检测等功能。iRVision 功能图如图 1-1 所示。

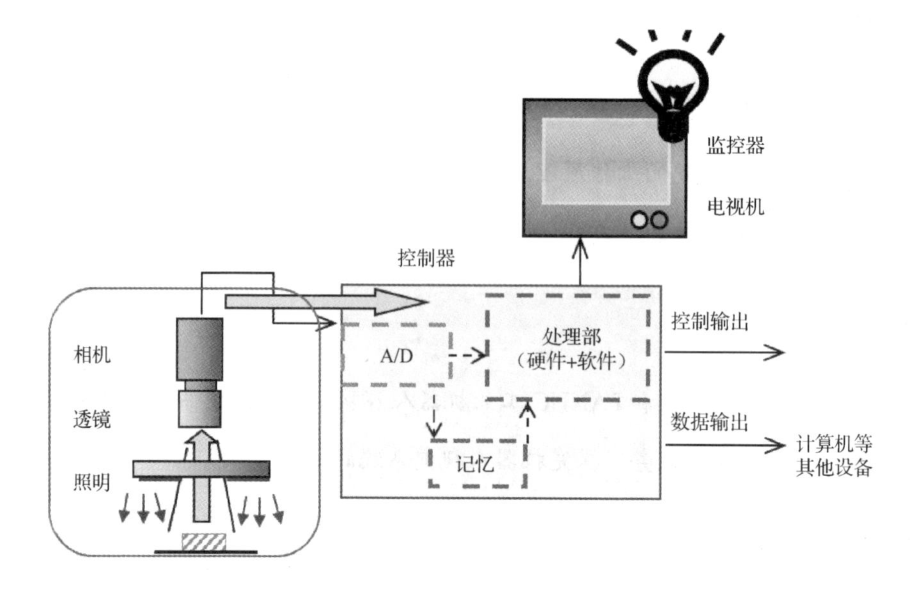


图 1-1 iRVision 功能图

## 二、iRVision 系统特点

（1）iRVision 系统同时支持 2D 和 3D 视觉应用，可以实现高柔性的机器人应用。2D 和 3D 视觉应用场合如图 1-2 所示。

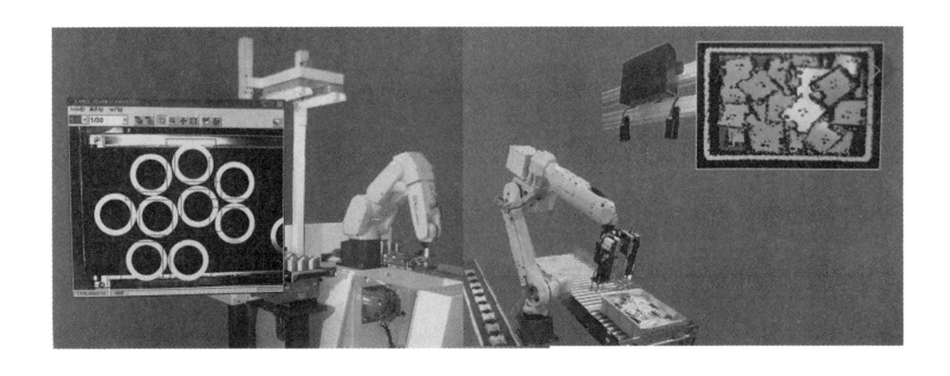

图 1-2　2D 和 3D 视觉应用场合

（2）视觉系统与机器人系统高度集成化。机器人控制器主板内配置了相机的接口，配备了彩色示教器，即可实现机器人视觉功能调试和生产过程监控，全程无须计算机支持。机器人主板与相机连接图如图 1-3 所示。

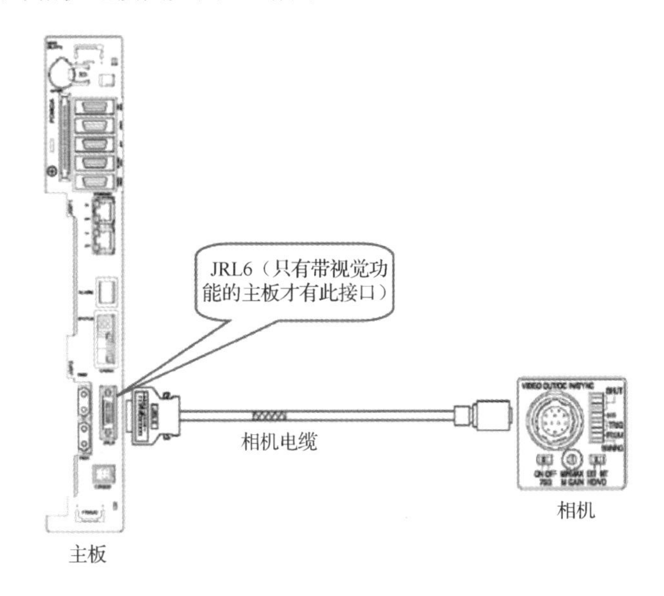


图 1-3　机器人主板与相机连接图

（3）选项功能 Rvision Mastering 通过视觉来快速、精确地校准机器人零点位置，可以使机器人快速恢复视觉故障。

（4）选项功能 Rvision Shift 检测出目标工件原来位置和当前位置之间的偏差，从而将程序整体方便快捷地进行补偿。当工位需要搬移或者将离线仿真程序运用于现场时，该功能都可以大大减少再次示教程序的时间。

# 任务二 iRVision 系统构成

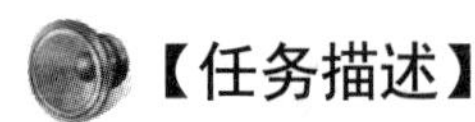

## 【任务描述】

掌握 iRVision 的构成和各数据的具体含义。

## 【学前准备】

1. 查阅资料了解视觉的硬件组成。
2. 查阅资料了解视觉的软件组成。
3. 了解机器人和视觉的关系。

## 【学习目标】

通过对 iRVision 系统硬件和软件结构的学习，以小组为单位，完成实训任务，探究机器人视觉系统的组成和各种不同数据的特点。

## 【学习要求】

1. 服从实习安排，认真、积极、主动地完成规定的任务，保证任务学习的效果。
2. 认真学习，收集任务相关资料，将任务完成过程中所遇到的问题记录下来，并和老师、同学共同探讨。
3. 以小组为单位，每个小组 4～6 人，进行讨论交流，并提交分析报告，制作相应的 PPT。

## 【任务学习】

### 一、iRVision 系统硬件构成

典型的 iRVision 系统硬件由以下部件构成。

iRVision 系统硬件由机器人控制柜、视觉工业相机、镜头、相机电缆及外部辅助设备组成。iRVision 系统硬件构成图如图 1-4 所示。

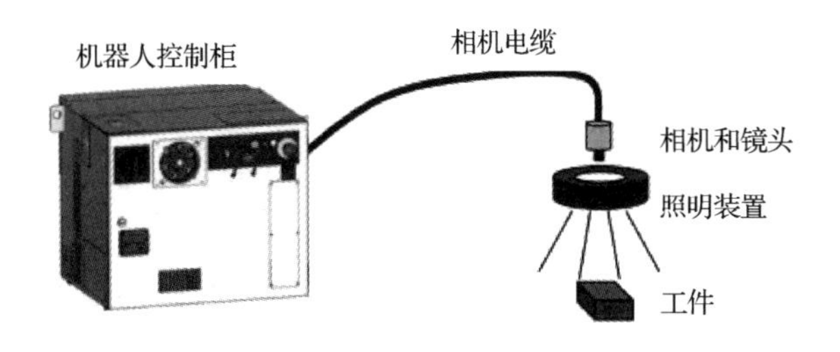


图 1-4　iRVision 系统硬件构成图

## 二、iRVision 系统软件构成

iRVision 系统软件构成图如图 1-5 所示。

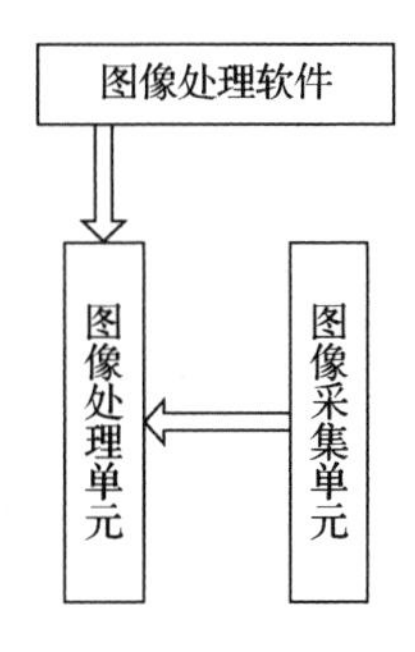


图 1-5　iRVision 系统软件构成图

### 1. 图像采集单元

在智能相机中，图像采集单元相当于普通意义上的 CCD/CMOS 相机和图像采集卡，它将光学图像转换为模拟/数字图像，并输出至图像处理单元。

### 2. 图像处理单元

图像处理单元类似于图像采集/处理卡，它可以对图像采集单元的图像数据进行实时存储，并在图像处理软件的支持下进行图像处理。

### 3. 图像处理软件

图像处理软件主要在图像处理单元硬件环境的支持下，完成图像处理功能，如几何边缘的提取、Blob、灰度直方图、OCV/OVR、简单的定位和搜索等。在智能相机中，以上算法都封装成固定的模块，用户可以直接应用而无须编程。

## 任务三 iRVision 应用分类

### 【任务描述】

了解 iRVision 系统的不同应用分类。

### 【学前准备】

1. 查阅资料了解视觉的补正方式。
2. 查阅资料了解视觉的测量方式。
3. 查阅资料了解视觉的相机安装方式。

### 【学习目标】

通过对 iRVision 不同应用分类的学习，以小组为单位，完成实训任务，探究机器人视觉系统不同分类的数据特点。

### 【学习要求】

1. 服从实习安排，认真、积极、主动地完成规定的任务，保证任务学习的效果。

2. 认真学习，收集任务相关资料，将任务完成过程中所遇到的问题记录下来，并和老师、同学共同探讨。

3. 以小组为单位，每个小组 4～6 人，进行讨论交流，并提交分析报告，制作相应的 PPT。

【任务学习】

## 一、根据补正方式分类

由于误差的存在，iRVision 系统对机器人轨迹需要进行误差补正，补正方式主要分为位置补正和抓取偏差补正。根据补正方式的不同，需要选择不同的坐标系。

iRVision 应用根据补正方式，可以进行以下分类。

### 1. 基于用户坐标系的补正方式

如果采取位置补正方式，机器人需要在用户坐标系下，通过 iRVision 检测和计算目标当前位置相对于基准位置（示教位置）的偏移量，并自动补偿抓取位置。位置补正方式如图 1-6 所示。

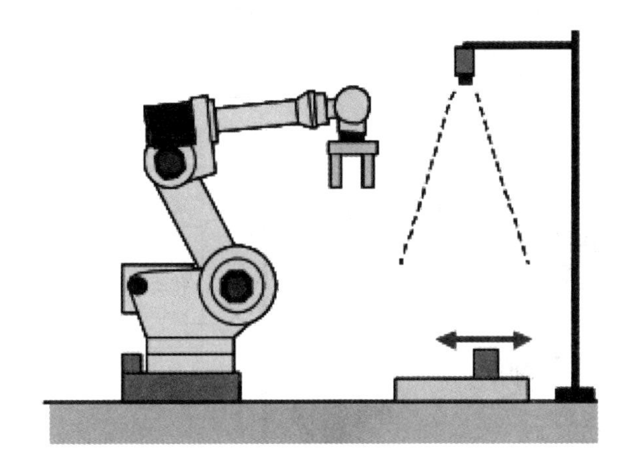

图 1-6 位置补正方式

### 2. 基于工具坐标系的补正方式

如果采取抓取偏差补正方式，机器人需要在工具坐标系下，通过 iRVision 检测和计算机器人手抓上目标的当前抓取位置相对于基准抓取位置（示教抓取位置）的偏移量，并自动补偿放置位置。抓取偏差补正方式如图 1-7 所示。

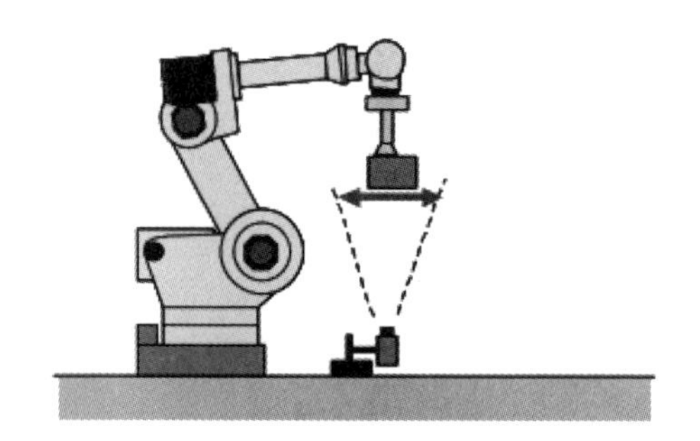

图 1-7 抓取偏差补正方式

## 二、根据相机测量方式分类

iRVision 应用根据相机的测量方式可以分为以下几类。

### 1. 2D 单视图检测

2D 单视图检测（2D Single-View Vision Process）用于检测平面移动的目标（*XY* 方向偏移和平面旋转量 *R*），适用于工件由运输带或者定位精度不高的框料、托盘输送的场合。2D 单视图检测场合如图 1-8 所示。

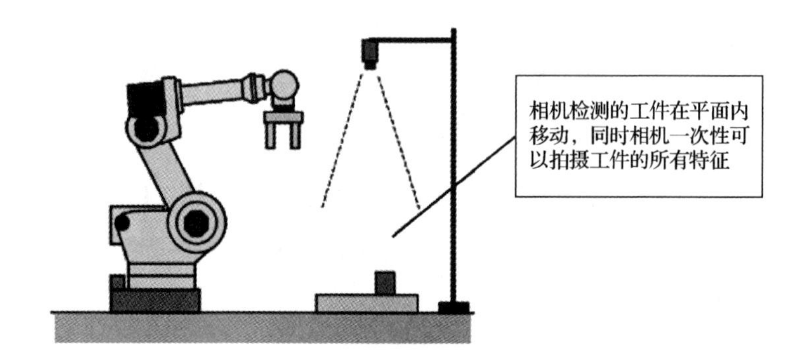


图 1-8 2D 单视图检测场合

### 2. 2D 多视图检测

2D 多视图检测（2D Multi-View Vision Process）通过对同一个工件的不同部位进行多次拍照获取工件上多个点的位置信息，综合计算出工件位置，适用于一次拍照不能拍到全部所需轮廓的大工件。2D 多视图检测场合如图 1-9 所示。

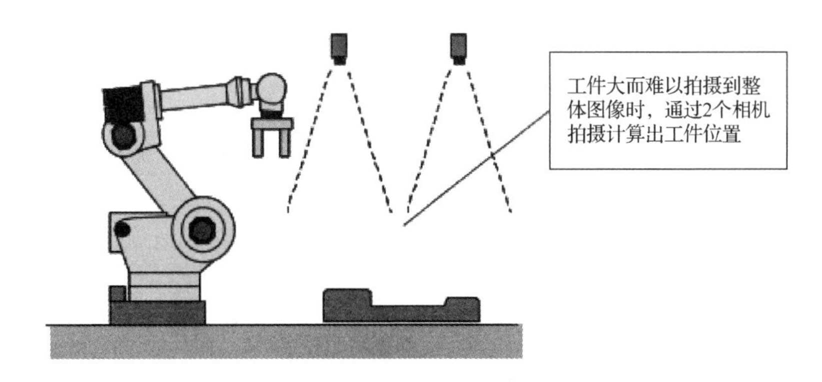


图 1-9　2D 多视图检测场合

### 3. 2D 抓取偏差检测

2D 抓取偏差检测是机器人抓取工件到相机前拍照，获取偏差补正后将工件放到夹具上，适用于工件在手抓中不能保持精确位置的场合。2D 抓取偏差检测场合如图 1-10 所示。

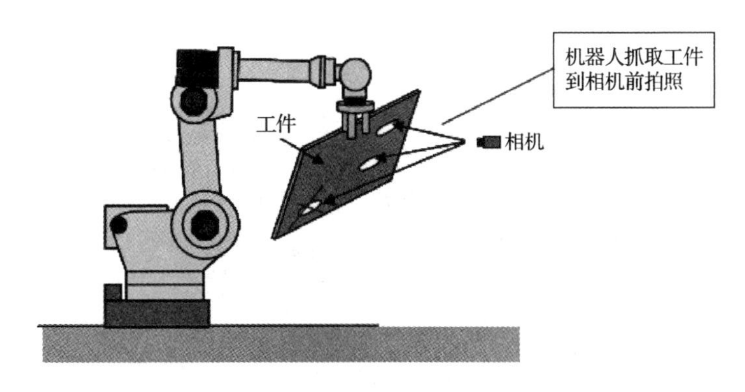


图 1-10　2D 抓取偏差检测场合

### 4. 2.5D 单视图检测

2.5D 单视图检测使用 2D 相机，通过相机拍摄到的目标的图像大小，测量目标的高度信息。2.5D 单视图检测除了检测平面位移和旋转，还能检测 *Z* 方向上的目标高度变化，适用于需要检测工件的 *XY* 位移、*R* 旋转量和 *Z* 方向高度差，但不检测 *W*、*P* 旋转量的场合。2.5D 单视图检测场合如图 1-11 所示。

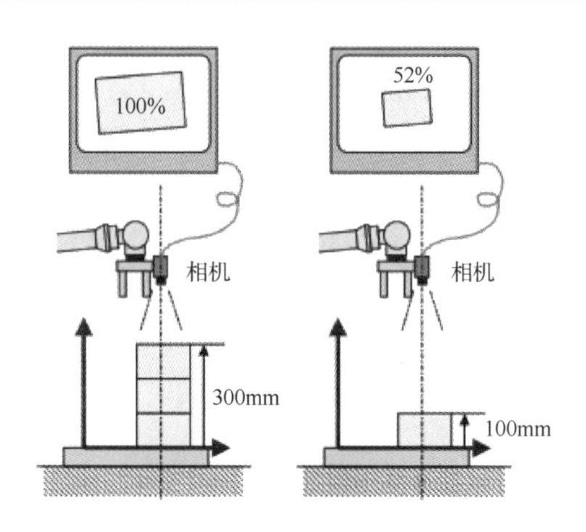


图 1-11 2.5D 单视图检测场合

### 5. 3D 单视图检测

3D 单视图检测（3D Single-View Vision Process）使用立体传感器（3D 相机）检测工件在三维空间内的位移和旋转量，然后补正相机抓取位置。3D 单视图检测场合如图 1-12 所示。

图 1-12 3D 单视图检测场合

### 6. 3D 多视图检测

3D 多视图检测（3D Multi-View Vision Process）分别对工件的多个部位进行拍照，综合计算出工件在三维空间内的位移和旋转角度变化，对抓取位置进行补偿。3D 多视图检测适用于一次拍照无法检出整体的大工件和工件倾斜度不一致的场合。3D 多视图检测场合如图 1-13 所示。

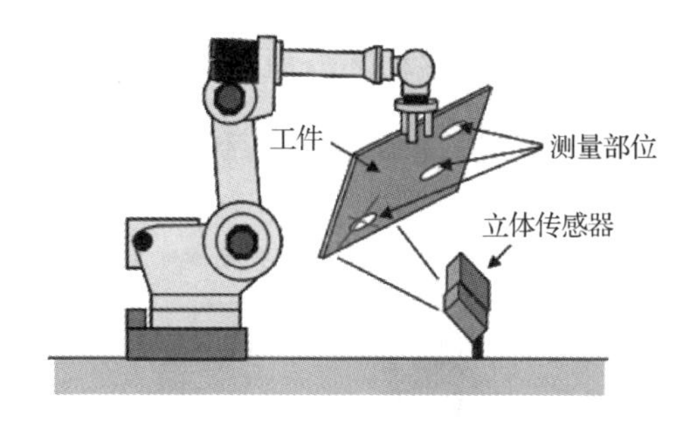


图 1-13　3D 多视图检测场合

## 三、根据相机安装方式分类

### 1. 固定相机

固定相机是将相机固定设置在架座等物体上。相机始终从相同距离观察相同部位。相机可以与机器人在其他作业期间并行地进行视觉的测量。利用固定相机观察被测工件而进行机器人动作的位置补正。固定相机安装方式如图 1-14 所示。

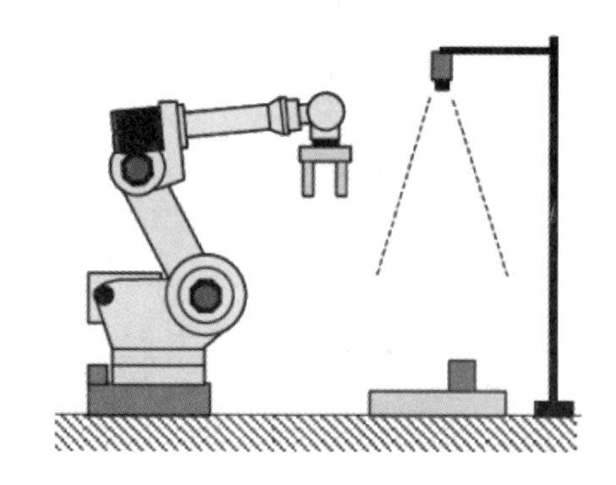

图 1-14　固定相机安装方式

固定相机安装方式的优点是，相机可以在机器人进行其他作业期间并行拍照，节省作业时间，可以进行位置补正和抓取偏差补正，相机电缆铺设简易，不易磨损；缺点是检测区域固定，若相机与机器人的相对位置发生变化，需要重新进行相机校准。

### 2. 机器人手持相机

机器人手持相机是将相机设置在机器人的手腕部。通过移动机器人，可以利用 1 台相机对不同场所进行测量，或者改变工件与相机的距离。在机器人手持相机方式下，

iRVision 考虑机器人移动造成的相机移动部分而计算工件的位置。机器人手持相机对被测工件进行测量，将该工件放置到正确位置。机器人手持相机安装方式如图 1-15 所示。

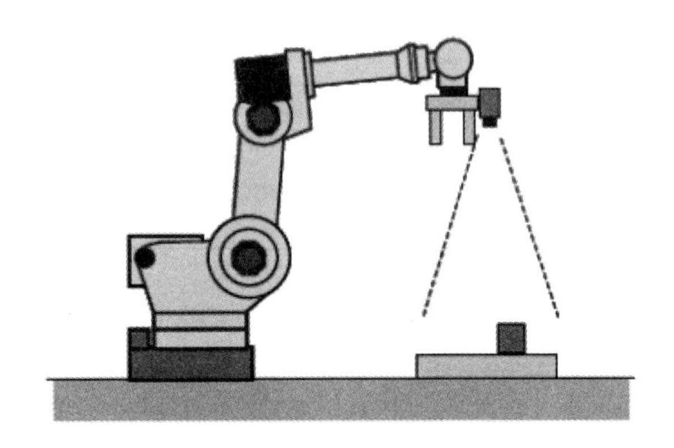

图 1-15　机器人手持相机安装方式

机器人手持相机安装方式的优点是，检测区域可以随机器人移动，范围大，能用较大焦距的相机，可提高检测精度，易拓展再检测功能；缺点是照相时机器人必须停止，光源容易被机器人或者外围设备干涉，相机电缆铺设要考虑避免与机器人的运动产生干扰，也容易磨损。

## 任务四　iRVision 视觉数据

### 【任务描述】

了解 iRVision 视觉数据，掌握 iRVision 视觉数据的设置流程。

### 【学前准备】

1. 查阅资料了解视觉的数据概念。
2. 查阅资料了解视觉的工作原理。
3. 了解机器人和视觉的关系。

## 【学习目标】

通过对 iRVision 的不同数据的讲述和 FANUC 工业机器人 iRVision 系统硬件和软件结构的认知学习，以小组为单位，完成实训任务，探究机器人视觉系统的组成和不同数据的特点，掌握 iRVision 的设置流程。

## 【学习要求】

1. 服从实习安排，认真、积极、主动地完成规定的任务，保证任务学习的效果。

2. 认真学习，收集任务相关资料，将任务完成过程中所遇到的问题记录下来，并和老师、同学共同探讨。

3. 以小组为单位，每个小组 4～6 人，进行讨论交流，并提交分析报告，制作相应的 PPT。

## 【任务学习】

iRVision 利用相机，从所拍摄的图像中检测出对象物。要想使用 iRVision 检测出的对象物位置进行机器人的补正，需要将 iRVision 检测出的图像上的位置数据变换为符合机器人动作基准的坐标系（用户坐标系、工具坐标系）上的位置数据。要进行变换的各种数据，即所谓的视觉数据。

## 一、视觉数据

iRVision 的示教数据称为视觉数据，对 iRVision 进行示教就是创建视觉数据后进行示教。视觉数据利用相机对物体的形状或者模型进行视觉检测。根据其目的的不同，视觉数据分为相机数据、相机校准数据、视觉程序处理程序和应用数据。

### 1. 相机数据

相机数据设置界面如图 1-16 所示，在该界面中可进行通道、曝光时间、图像尺寸等参数的设置。

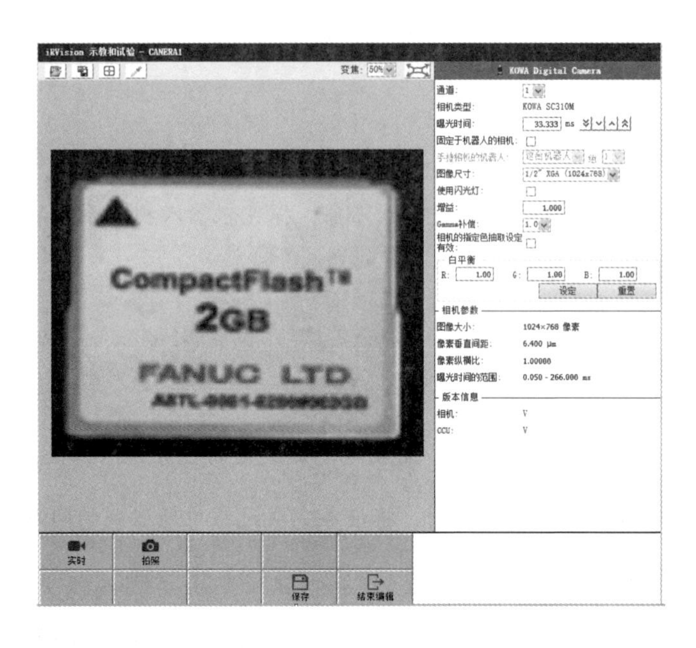


图 1-16 相机数据设置界面

## 2. 相机校准数据

相机校准数据的作用是建立图像坐标系与机器人坐标系之间的数学对应关系。相机校准数据设置界面如图 1-17 所示。

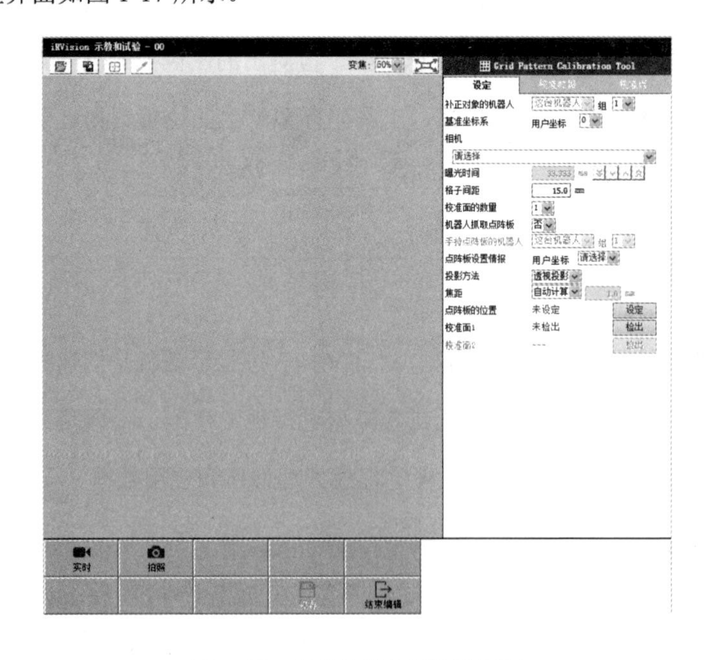


图 1-17 相机校准数据设置界面

### 3. 视觉处理程序

视觉处理程序主要设定图像处理的相关内容，视觉处理程序界面如图 1-18 所示。

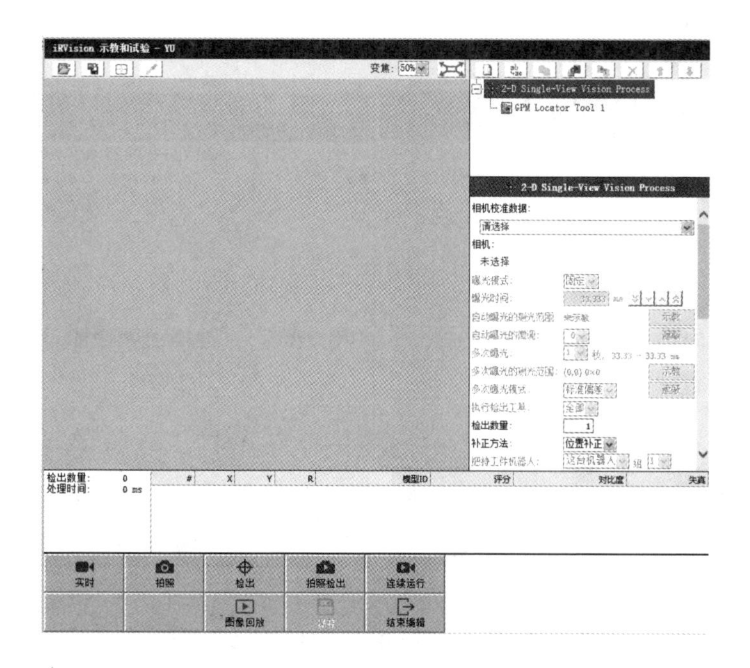


图 1-18　视觉处理程序界面

视觉数据被存储在 FROM 中（若容量不足，请将自动备份地址修改为 MC，或者关闭自动备份功能，又或者更换大容量的 FROM 卡）。如果将存储卡插入机器人控制器的主板上，那么可以将生产过程中视觉运行状态记录到存储卡中，便于用户收集、分析视觉系统在生产线上的使用情况。

进行视觉数据调试时，可以使用计算机进行调试，具体通过网线（TCP/IP 协议）将计算机与机器人连接，从机器人上下载 UIF 插件，使用 IE 浏览器即可进行视觉调试。如果是 R-30iB 控制柜，可以使用彩色 TP 进行视觉调试，通过带触摸屏功能的示教器直接完成视觉程序的设定。示教器上的 USB 接口可以连接鼠标，以提高用户通过示教器设定视觉程序的工作效率。

### 4. 应用数据

应用数据是视觉系统进行应用设定的数据，主要包含视觉参数和补正量数据。视觉参数主要是从机器人程序暂时改写视觉程序参数的一种功能数据，补正量数据是确认由iRVision检出的补正量是否在指定范围内的一种功能数据。图1-19所示为视觉参数和补正量数据的设置界面。

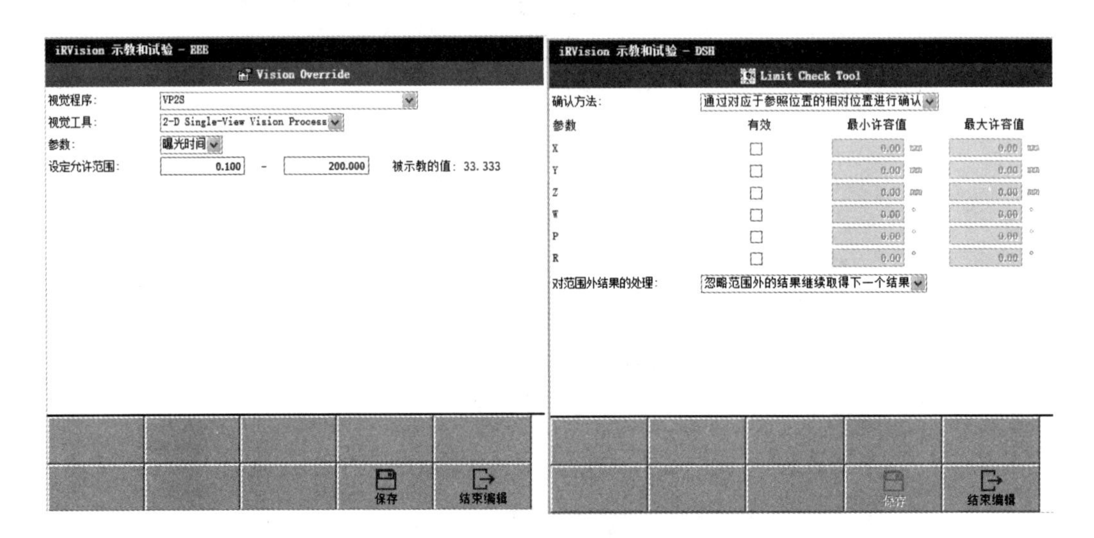


图 1-19 视觉参数和补正量数据的设置界面

## 二、iRVision-2D 视觉数据设置流程

### 1. 相机安装

一般硬件的安装，把相机的$X$轴和设备的$X$轴平行，并把相机的相关参数设置好，为相机标定做准备。

### 2. 相机标定

相机标定主要用于计算实物与图形之间的数学关系和计算相机图像坐标与机器人坐标的数学关系。

### 3. 设定补正用坐标系

设定补正用坐标系用于计算补正量，包括位置补正和抓取偏差补正。

### 4. 创建和示教视觉处理程序

通过创建和示教视觉处理程序，完成模型的图像采集、检测试验、设定基准位置等环节。

### 5. 创建和示教机器人程序

通过创建和示教机器人程序实现视觉系统的自动拍照和机器人抓取、放置工件等动作，完成机器人高精度的运行工作。

## 【任务实施】

### 1. 按以下步骤操作，掌握 iRVision 硬件构成

（1）查看实训设备上的 iRVision 硬件，找出视觉工业相机、镜头、相机电缆、照明装置等设备。

（2）查看实训设备上视觉工业相机是如何与机器人控制柜连接的，确认连接的硬件接口的名称。

### 2. 按以下步骤操作，找出 iRVision 各个数据设置界面

（1）在实训设备上找出相机设置界面。

（2）在实训设备上找出相机校准界面。

（3）在实训设备上找出视觉处理程序界面。

## 【问题探究】

在掌握了视觉各个数据界面后，如何正确设置各个界面使视觉系统能够正常工作？

## 【任务小结】

本项目通过对 iRVision 的学习，要求能够知道 iRVision 的构成和分类，能够找出 iRVision 各个数据的界面，清楚各个数据的作用。

## 【拓展训练】

1. 在实训设备上，整理出如表 1-1 所示的 iRVision 系统构成结构清单。

表 1-1 iRVision 系统构成结构清单

| 序　号 | 名　称 | 功　能 | 相机安装方式 | iRVision 补正方式 |
| --- | --- | --- | --- | --- |
| 1 | | | | |
| 2 | | | | |
| 3 | | | | |
| 4 | | | | |

2. 在实训设备上，找出 iRVision 视觉各个数据的界面，并将查找的方法填入如表 1-2 所示的数据表中。

表 1-2 数据表

| iRVision 视觉数据名称 | 查找界面方法 |
| --- | --- |
| | |
| | |
| | |
| | |
| | |
| | |
| | |
| | |

3. 简答题

（1）iRVision 的系统功能是什么？

（2）iRVision 的系统构成有哪些？

（3）iRVision 的应用分类有哪些？

（4）iRVision-2D 视觉数据设置流程是怎样的？

# 项 目 二

# 相机的安装和设置

## 项目教学导航

| | | |
|---|---|---|
| 教 | 教学目标 | 1．掌握常用相机的设置及检测范围、拍照高度的计算<br>2．掌握机器人与相机的连接方式 |
| | 知识重点 | 1．相机的检测范围的计算<br>2．相机的拍照高度的计算 |
| | 知识难点 | 1．模拟相机与机器人的连接<br>2．数字相机与机器人的连接 |
| | 推荐教学方法 | 步骤讲解与实际操作相结合 |
| | 建议学时 | 4 学时 |
| 学 | 学习目标 | 1．了解相机的设置方法<br>2．掌握相机的检测范围及拍照高度的计算<br>3．掌握数字相机、模拟相机的连接方式 |
| 做 | 实训任务 | 1．相机的检测范围及拍照高度的计算<br>2．相机的连接方式 |

## 项目引入

**问：**了解了 iRVision 是不是就可以使用相机了？

**答：**不是的，还有关键的步骤要处理——相机的安装与设置。

**问：**怎么安装和设置相机呀？

**答：**不着急哟，本项目将分为相机的检测范围及拍照高度的计算、相机的连接方式 2 个任务，带领大家学习相机的安装与设置。

## 知识图谱

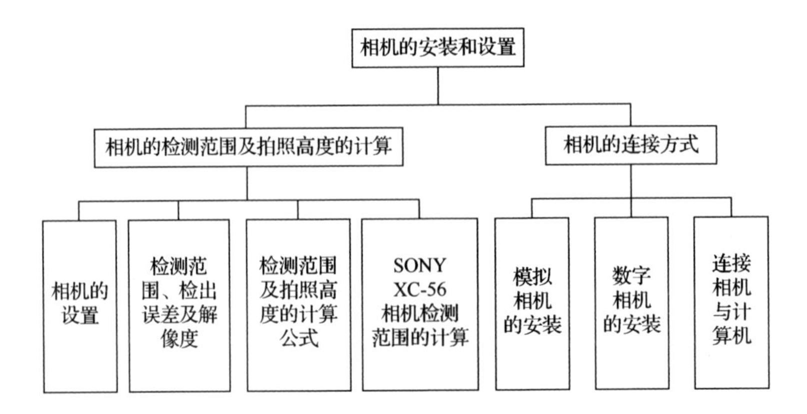

本项目以 FANUC 机器人 iRVision 视觉为例，介绍如何进行相机检测范围及拍照高度的计算，以及相机的连接方式。

## 任务一 相机的检测范围及拍照高度的计算

### 【任务描述】

了解常用的相机在使用前的准备及参数设置，以及相机的检测范围与拍照高度。

### 【学前准备】

1. 了解常用相机分为哪几种。
2. 了解相机的出厂设置及开关名称。
3. 了解相机的安装条件。
4. 了解相机的检测范围、拍照高度的决定因素。
5. 了解各相机的像素垂直间距及图像尺寸。
6. 了解检测范围及拍照高度的计算公式。

### 【学习目标】

通过了解相机需要进行设置的地方，独立完成相机的基本设置，了解相机检测范围及拍照高度的要素，熟知计算公式，以小组为单位，完成实训任务。

### 【学习要求】

1. 服从实习安排，认真、积极、主动地完成相机的安装及检测范围、拍照高度的计算等任务，保证任务学习的效果。

2. 认真学习，收集任务相关资料，将任务完成过程中所遇到的问题记录下来，并与老师、同学共同探讨。

3. 以小组为单位，每个小组 4～6 人，进行讨论交流，并提交分析报告，制作相应的 PPT。

【任务学习】

进行相机设置时，需要计算出相机的检测范围及拍照高度。

## 一、设置相机

### 1. SONY XC-56 相机的设置

SONY XC-56 为 33 万像素的模拟相机，在使用相机之前，需对相机背面面板上的开关进行设置。相机背面面板上的开关位置如图 2-1 所示。相机背面面板上的开关位置设置如表 2-1 所示。

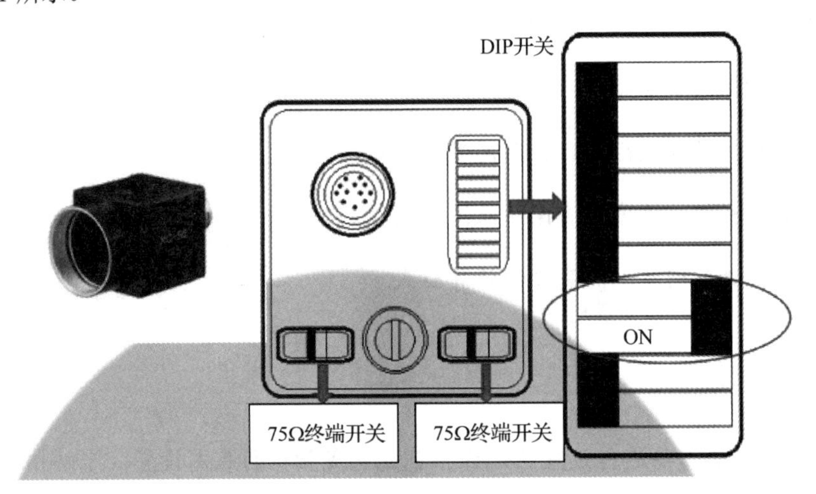


图 2-1 相机背面面板上的开关位置

表 2-1 相机背面面板上的开关位置设置

| 开 关 名 称 | 出 厂 设 置 | iRVision 设置 |
|---|---|---|
| DIP 开关 | 全部为 OFF | 第 7 个与第 8 个开关设为 ON，其他无须更改 |
| 75Ω 终端开关 | ON | ON |
| HD/VD 信号选择开关 | EXT | EXT |

数字相机则无须进行任何设置。

### 2. 相机的安装条件

为确保相机的使用达到理想状态，提高相机的使用寿命，需注意安装条件。相机安装条件如表 2-2 所示。

表 2-2 相机安装条件

| 项　目 | 安 装 条 件 |
|---|---|
| 允许周围温度 | 0～45℃ |
| 允许周围湿度 | 通常：75%RH 以下，无结露 |
| | 短期（1 个月内）：95%RH 以下，无结露 |
| 包围气体 | 不应有腐蚀性气体 |
| 振动 | 振动加速度：4.9m/s² （0.5G）以下 |

## 二、检测范围与检出误差及解像度

相机的检测范围如图 2-2 所示。假设必要的检出范围为 250mm，iRVision 的 CCD 有效解像度为水平 512 像素×垂直 480 像素，垂直检出范围为 250mm，那么 iRVision 上的解像度为 250÷480≈0.52mm/像素，平均检出精度大约为 0.5 像素。所以，此时参考检出误差为 0.5×0.52＝0.26mm。

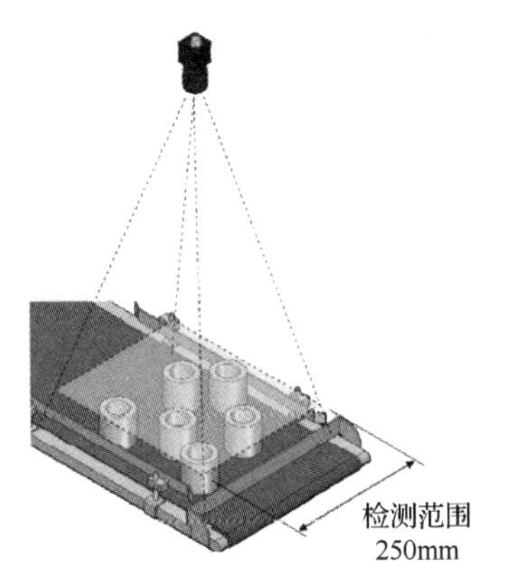


图 2-2 相机的检测范围

## 三、检测范围及拍照高度的计算公式

在实际应用中，我们需要根据工件的大小和配置来决定需要检测的范围和拍照高度，并由此来选配合适的相机和镜头。

相机的检测范围由拍照高度、镜头焦距、CCD 尺寸三个要素决定。相机的检测范围示意图如图 2-3 所示。

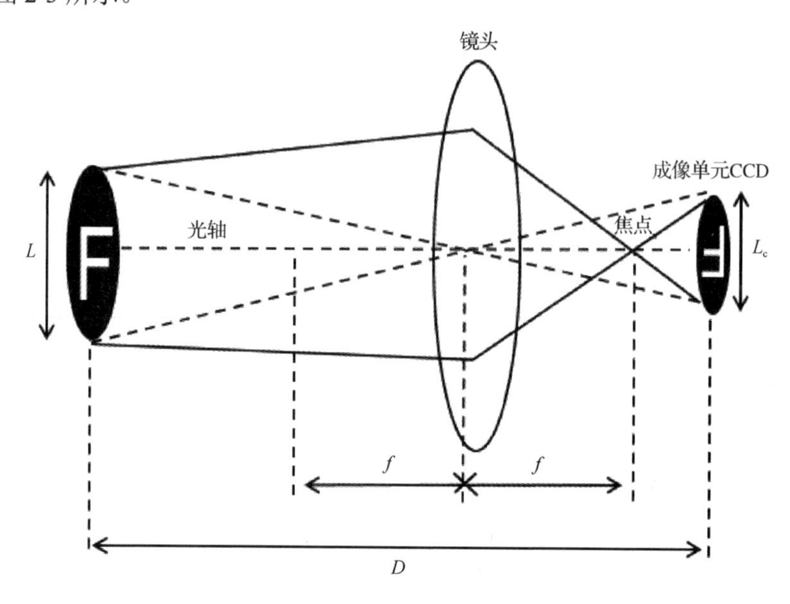


图 2-3 相机的检测范围示意图

根据图 2-3 所示，可以得出以下计算公式：

$$检测范围\ L \approx (D-f) \div f \times L_c$$

$$拍照高度\ D \approx L/L_c \times f + f$$

式中 $L$——检测范围；

$D$——相机和工件之间的距离（拍照距离）；

$F$——镜头焦距；

$L_c$——成像单元 CCD 的尺寸。

注意：$L_c$=像素垂直间距（像素尺寸）×图像尺寸（分辨率）。

在模拟相机的应用当中，这些相机的图像尺寸都是固定的，数码相机的图像尺寸则可以通过设定进行改变。数码相机图像尺寸如表 2-3 所示。

表 2-3 数码相机图像尺寸表

| 相 机 | 图像尺寸（分辨率） | 像素垂直间距（像素尺寸） |
| --- | --- | --- |
| 黑白数码相机（SC130EB/W） | 1/8QVGA（320 像素×240 像素） | 5.3μm/像素 |
| | 1/4QVGA（320 像素×240 像素） | 10.6μm/像素 |
| | 1/4VGA（640 像素×480 像素） | 5.3μm/像素 |
| | 1/2VGA（640 像素×480 像素） | 10.6μm/像素 |
| | 1/3XGA（1024 像素×768 像素） | 5.3μm/像素 |
| | 1/2SXGA（1280 像素×1024 像素） | 5.3μm/像素 |
| | VGA_WIDE（1280 像素×480 像素） | 5.3μm/像素 |
| | VGA_TALL（640 像素×960 像素） | 5.3μm/像素 |
| 彩色数码相机（SC130ECOLOR） | 1/4QVGA（320 像素×240 像素） | 10.6μm/像素 |
| | 1/2VGA（640 像素×480 像素） | 10.6μm/像素 |
| 数码相机（SC130C）旧机型 | 1/6QVGA（320 像素×240 像素） | 6.7μm/像素 |
| | 1/3QVGA（320 像素×240 像素） | 13.4μm/像素 |
| | 1/3VGA（640 像素×480 像素） | 6.7μm/像素 |
| | 2/3VGA（640 像素×480 像素） | 13.4μm/像素 |
| | 1/2XGA（1024 像素×768 像素） | 6.7μm/像素 |
| | 2/3SXGA（1280 像素×1024 像素） | 6.7μm/像素 |
| | VGA_WIDE（1280 像素×480 像素） | 6.7μm/像素 |
| | VGA_TALL（640 像素×960 像素） | 6.7μm/像素 |
| 数码相机（SC130CM）旧机型 | 1/6QVGA（320 像素×240 像素） | 6.4μm/像素 |
| | 1/3VGA（640 像素×480 像素） | 6.4μm/像素 |
| | 1/2XGA（1024 像素×768 像素） | 6.4μm/像素 |
| 模拟相机（XC-56） | 640 像素×480 像素 | 7.4μm/像素 |
| 模拟相机（XC-HR50） | 640 像素×480 像素 | 7.4μm/像素 |

## 四、SONY XC-56 相机检测范围的计算

根据上述公式和表 2-3 中关于 SONY XC-56 相机的参数，可以得出

CCD 尺寸 $L_c$=(7.4μm/像素×640 像素)×(7.4μm/像素×480 像素)=4.736mm×3.552mm

（1）假设相机的拍照距离为 500mm，由此可以计算出在选择不同焦距的镜头时，SONY XC-56 相机的检测范围。SONY XC-56 相机的检测范围如表 2-4 所示。

表 2-4 SONY XC-56 相机的检测范围表

| 镜 头 焦 距 | 检测范围（约为） |
| --- | --- |
| 8mm | 291mm×218mm |
| 12mm | 192mm×144mm |

注意：若需要增大相机检测的范围，可以采取以下措施。

（1）延长相机与工件的距离。

（2）采用短焦距的镜头。

（3）如果使用数码相机，可以增大图像尺寸。

如果检测区域确定，SONY XC-56 相机的拍照高度可以参考表 2-5。

表 2-5　SONY XC-56 相机的拍照高度参考表

| 镜 头 焦 距 | 拍照高度（约为） |
|---|---|
| 8mm | 2.25*L*（*L* 为拍照范围，单位为 mm） |
| 12mm | 3.4*L*（*L* 为拍照范围，单位为 mm） |

注意：相机与工件的距离过短时，将无法对焦。

不同焦距镜头所对应的最短拍照距离如表 2-6 所示。

表 2-6　不同焦距镜头所对应的最短拍照距离

| 镜 头 焦 距 | 拍照距离（约为） |
|---|---|
| 8mm | 260mm |
| 12mm | 260mm |
| 16mm | 290mm |
| 25mm | 210mm |

## 【任务实施】

如表 2-7 所示为 SONY XC-56 相机的设置及 SONY XC-56 相机检测范围的计算表。按表 2-7 所示步骤完成计算。

表 2-7　SONY XC-56 相机的设置及 SONY XC-56 相机检测范围的计算表

| 步骤序号 | 任务名称 | 实施要点 | 评价模式 |
|---|---|---|---|
| 1 | 设置相机开关位置 | 1．找到 DIP 开关，并将其第 7、8 个开关设为 ON<br>2．将 75Ω 终端开关设为 ON，将 HD/VD 信号选择开关设为 EXT | 结果评价 |
| 2 | 理解计算公式 | 理解相机的检测范围及拍照高度的计算公式，并计算实训设备相机的检测范围及拍照高度 | 过程评价 |

## 【问题探究】

为什么数字相机无须进行任何设置呢?

## 【任务小结】

本任务通过常用相机的设置、相机安装条件的学习，要求能够熟练设置相机上各开关参数，并熟悉相机的安装条件；通过对检测范围及拍照高度计算公式的了解，认识各相机的固定参数，掌握相机的拍照范围及拍照高度的计算。

## 【拓展训练】

**镜头的调整**

调整图像的亮度：在环境光源不变的情况下，图像亮度由光圈和曝光时间共同决定。光圈决定单位时间内镜头的进光量，光圈值越小图像越亮。曝光时间则决定了一次拍照光圈的打开时间，时间越长图像越亮。

调整图像的清晰度：通过调整镜头上的对焦环来对焦，可以获得最清晰的图像。如果工件与相机距离 50cm，那么对焦环位置应调至 0.5m 附近，这样可以得到最清晰的图像。镜头对焦环和光圈位置示意图如图 2-4 所示。

图 2-4 镜头对焦环和光圈位置示意图

# 任务二　相机的连接方式

## 【任务描述】

了解模拟相机与数字相机的连接方式。

## 【学前准备】

1. 了解机器人控制柜上的型号。
2. 使用相机电缆连接相机与机器人时的注意事项。

## 【学习目标】

通过对相机的安装流程及注意事项的了解，以小组为单位，完成实训任务。

## 【学习要求】

1. 服从实习安排，认真、积极、主动地完成相机的安装、相机与计算机的连接等任务，保证任务学习的效果。

2. 认真学习，收集任务相关资料，将任务完成过程中所遇到的问题记录下来，并与老师、同学共同探讨。

3. 以小组为单位，每个小组 4～6 人，进行讨论交流，并提交分析报告，制作相应的 PPT。

## 【任务学习】

能够使相机与机器人完成连接。

## 一、安装模拟相机

如果仅使用 1 台 2D 模拟相机，可以用相机电缆直接将相机连接到机器人控制柜主板的视觉接口（R-30iA 为 JRL6，R-30iB 为 JRL7）上。模拟相机视觉接口如图 2-5 所示。

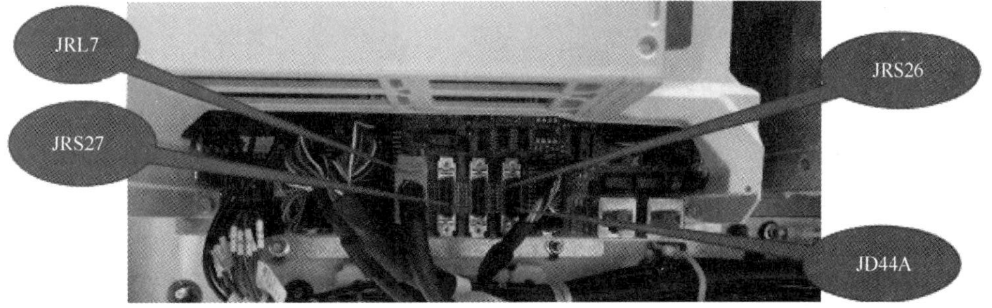


图 2-5 模拟相机视觉接口

注意：使用多台 2D 相机或使用 3D 相机时，机器人控制柜主板上的视觉接口连接复用器，相机连接到复用器上。

## 二、安装数字相机

使用数码复用器板（A05B-2601-J031）的时候，电缆连接到主板的 JRL10A 上（或者连接到 JRL10B、JRL10C、JRL10D 中对应电缆标签的地方上），不使用数码复用器板的时候，电缆连接到数码相机上。数字相机视觉接口如图 2-6 所示。

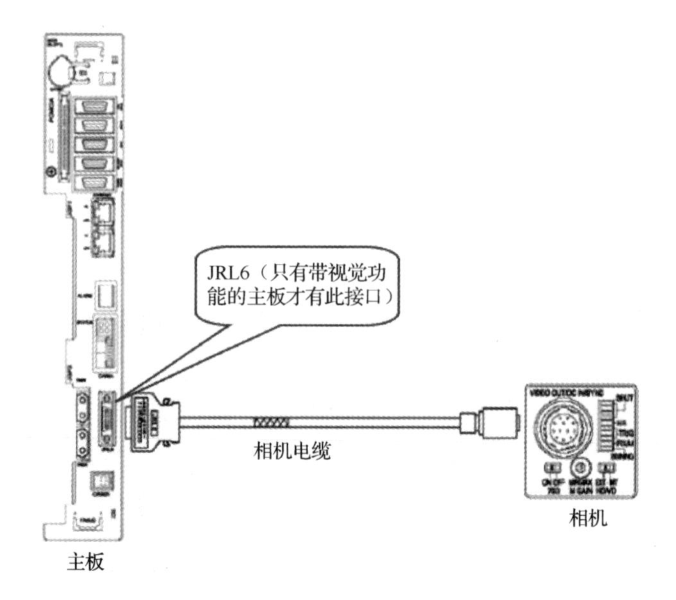


图 2-6 数字相机视觉接口

注意：在进行相机的安装时，必须断电操作！

## 三、连接相机与计算机

### 1. 连接方式

相机与计算机的连接方式如图 2-7 所示。

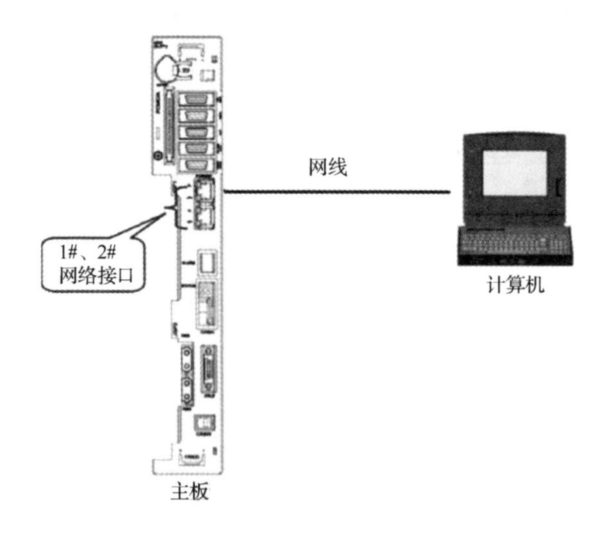


图 2-7 相机与计算机的连接方式

将网线分别连至计算机网口和主板上的 1#或 2#网络接口。在设置控制柜 IP 时，注意网线是处于 1#还是 2#网络接口。

### 2. 控制柜 IP 地址设置

（1）在机器人示教器上面执行 MENU（菜单）→SETUP（设置）→Host Comm（主机通信）→TCP/IP 命令。控制柜 IP 地址设置界面如图 2-8 所示。

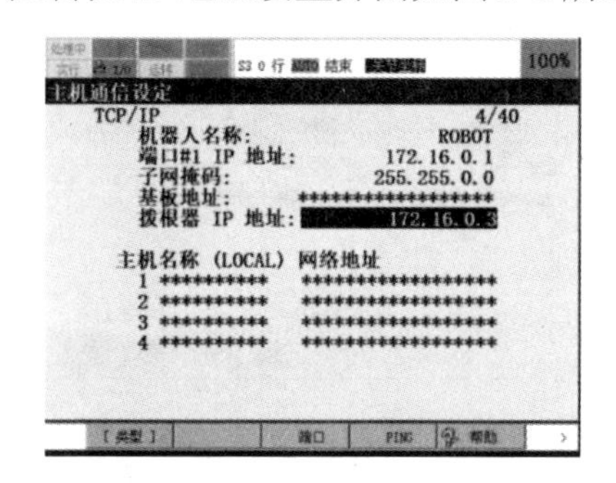


图 2-8 控制柜 IP 地址设置界面

机器人名称：Robot name。

端口#1 IP 地址：Port#1 IP addr。

子网掩码：Subnet Mask。

基板地址：Board address。

拨根器 IP 地址：Router IP addr。

（2）将光标移至“机器人名称”项，按回车键输入机器人名称，再次按回车键确认。

（3）将光标移至“端口#1 IP 地址”项，输入机器人控制柜的 IP 地址。

（4）将光标移至“拨根器 IP 地址”项，输入网关 IP 地址。

（5）关机重启。

### 3. PC 端 IP 地址设置

（1）在控制面板中双击“网络和共享中心”图标，选择“更改适配器设置”选项，右击“以太网”图标，选择“属性”命令，弹出“以太网属性”对话框，如图 2-9 所示。

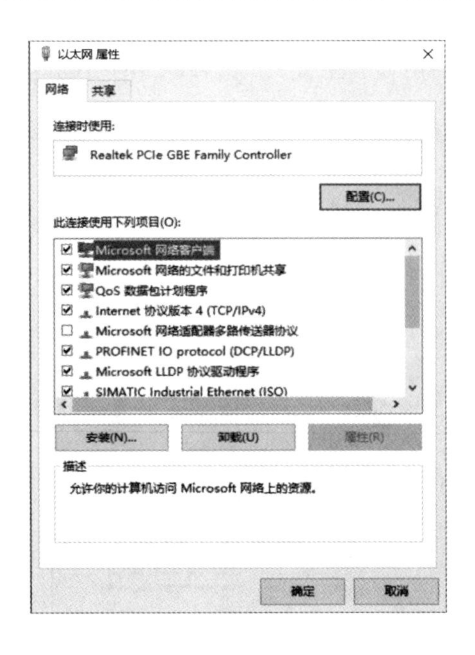


图 2-9 “以太网属性”对话框

（2）双击“Internet 协议版本 4（TCP/IPv4）”选项，弹出如图 2-10 所示的“Internet 协议版本 4（TCP/IPv4）属性”对话框。先在该对话框中选择“使用下面的 IP 地址”单选按钮，然后将光标移到“IP 地址”文本框，输入 PC 端的 IP 地址；再将光标移到“默认网关”文本框，输入网关 IP 地址。

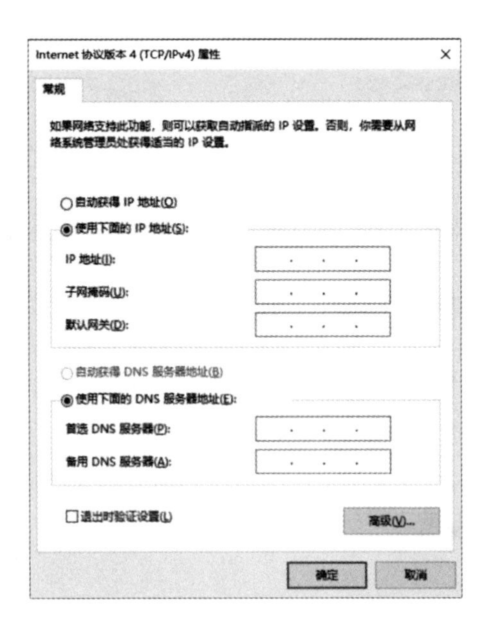


图 2-10 “Internet 协议版本 4（TCP/IPv4）属性”对话框

（3）点击“确认”按钮退出。

注意：控制柜 IP、网关 IP、PC 端 IP 地址由用户自行设定。

控制柜与 PC 端 IP 设置示例如表 2-8 所示。

表 2-8 控制柜与 PC 端 IP 设置示例

| 设 置 项 | IP 地址 |
| --- | --- |
| 控制柜端口 1# IP | 172.16.0.1 |
| PC | 172.16.0.2 |
| 拔根器 IP 地址 | 172.16.0.3 |
| 子网掩码 | 255.255.255.0 |

## 4. 检查连通性

在 PC 上打开 IE 浏览器，在地址栏输入控制柜的 IP 地址，若出现如图 2-11 所示的控制柜与计算机连通性检查界面，则代表控制柜和计算机已连通。

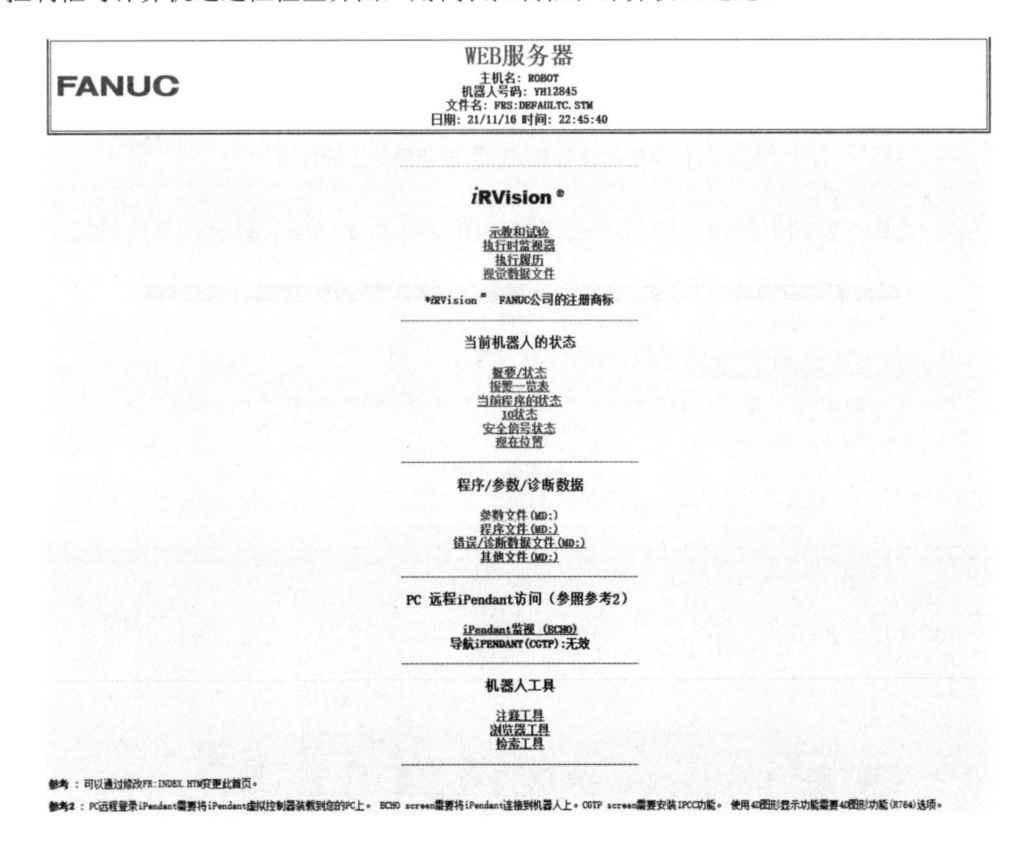


图 2-11 控制柜与计算机连通性检查界面

## 5. 安装视觉 UIF 控件

只有在 PC 上安装了视觉 UIF 控件才可以显示 iRVision 用户界面。

（1）点击“示教和试验”按钮。若计算机没安装视觉控件，点击“示教和试验”按钮后跳出的界面如图 2-12 所示。

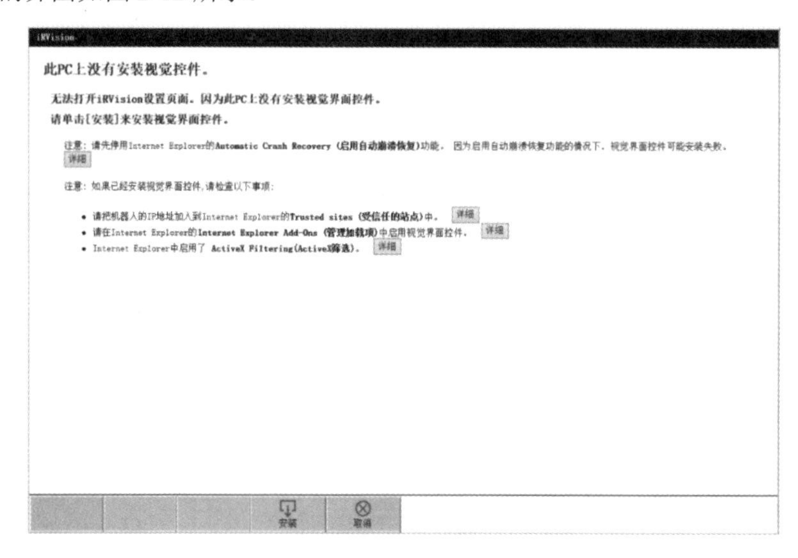


图 2-12 点击“示教和试验”按钮后跳出的界面

（2）点击“安装”按钮，15 秒后会出现如图 2-13 所示的安装视觉控件的界面。

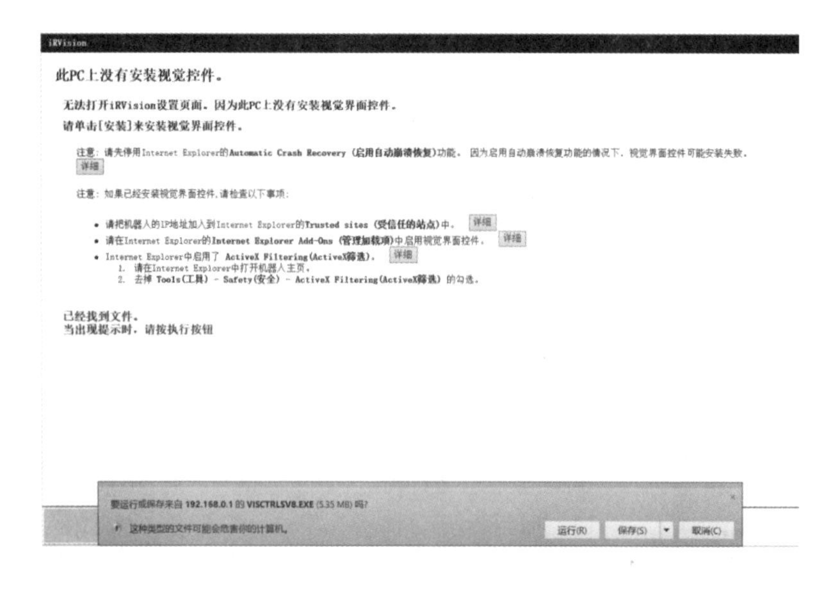


图 2-13 安装视觉控件的界面

（3）点击“运行”按钮，进行下载。

（4）安装完成之后，重启 IE 浏览器即可。

## 【任务实施】

相机连接步骤如表 2-9 所示，查看相机的类型、相机与控制柜的连接，完成相机与计算机的连接，并检查连通性。

表 2-9 相机连接步骤

| 步骤序号 | 任务名称 | 实施要点 | 评价模式 |
| --- | --- | --- | --- |
| 1 | 查看相机的类型 | 在实训设备上查看相机的型号（数字相机还是模拟相机） | 过程评价 |
| 2 | 查看相机与控制柜的连接 | 连接电缆、接口、软件版本 | 过程评价 |
| 3 | 用计算机连接相机 | 网线连接的控制柜主板网络接口，控制柜与 PC 端的 IP 地址设置 | 过程评价 |
| 4 | 检查连通性 | 连通性检查 | 结果评价 |

## 【问题探究】

若使用 R-30iB 控制柜连接相机，JRL7 端口上已经有连接的相机该怎么办?

## 【任务小结】

本任务通过对模拟相机与数字相机的连接方式的学习，掌握连接方法。

## 【拓展训练】

### KAREL 程序

iRVision 内嵌了一些 KAREL 程序可以供用户使用，如果在程序中调用程序需要将系统变量$KAREL_ENB 设置成 TRUE，以下面的程序为例。

```
IRVLEDON（I,J）        //打开光源
```

打开连接在模拟相机复用器的LED电源上或数字相机复用器的LED电源上的LED光源。

变量i：通道号码，指定点亮光源的通道号码（i=1-4）。

变量j：指定LED光源的光亮度（j=1-16）。

# 项 目 三

# 相 机 标 定

## 项目教学导航

| | | |
|---|---|---|
| 教 | 教学目标 | 1．了解 FANUC iRVision 的类型<br>2．掌握用 PC/TP 对模拟相机进行设置<br>3．掌握用 PC/TP 对数字相机进行设置 |
| | 知识重点 | 1．FANUC 工业机器人模拟相机设置<br>2．FANUC 工业机器人数字相机设置 |
| | 知识难点 | 1．使用 PC/TP 对模拟相机进行设置<br>2．使用 PC/TP 对数字相机进行设置 |
| | 推荐教学方法 | 步骤讲解与实际操作相结合 |
| | 建议学时 | 6 学时 |
| 学 | 学习目标 | 1．FANUC iRVision 的类型<br>2．掌握模拟相机的设置方法<br>3．掌握数字相机的设置方法 |
| 做 | 实训任务 | 1．创建和设定相机数据<br>2．创建和示教标定相机数据 |

## 项目引入

**问：**安装和设置相机后，是不是就可以应用视觉处理程序了？

**答：**不是的，还有关键的步骤要处理——相机标定。

**问：**怎么标定相机呀？

**答：**不着急哟，本项目将分为创建和设定相机数据、创建和示教标定相机数据 2 个任务，带领大家学习相机标定。

## 知识图谱

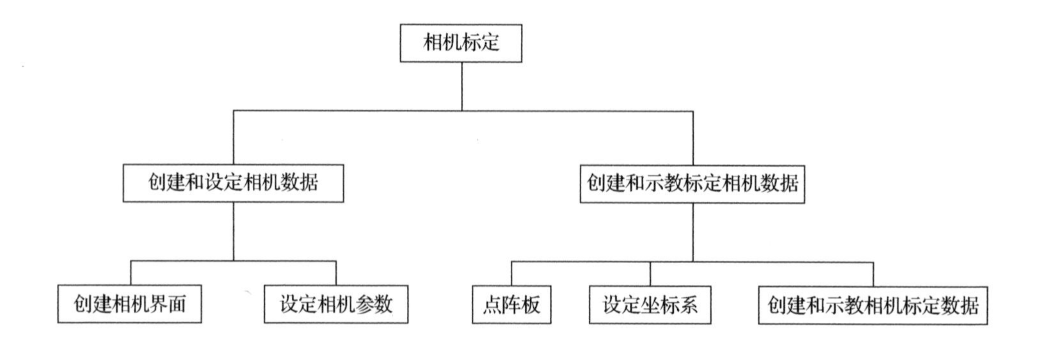

本项目以 FANUC 机器人 iRVision 视觉为例，介绍如何创建和设定相机数据、标定相机数据。通过本项目的学习可以掌握如何创建相机界面、设定相机参数，以及如何标定相机数据。

## 任务一　创建和设定相机数据

### 【任务描述】

了解 iRVision 相机数据的组成和各数据的具体含义，以及利用 PC/TP 完成相机数据的创建和设定。

### 【学前准备】

1. 了解相机有哪些类型，每种类型有哪些特点。
2. 了解如何区分相机的类别、型号等。
3. 了解各数据的大小对相机图像显示的影响。
4. 了解机器人控制柜如何与电脑进行连接和多路复用器的使用。

### 【学习目标】

通过对 iRVision 相机数据的创建、设定等基础知识的学习和 FANUC 工业机器人视觉系统硬件结构的认知学习，以小组为单位，完成实训任务，探究机器人视觉系统的组成和不同选项间的特点。

### 【学习要求】

1. 服从实习安排，认真、积极、主动地完成创建相机界面、设定相机参数等任务，保证任务学习的效果。

2. 认真学习，收集任务相关资料，将任务完成过程中所遇到的问题记录下来，并与老师、同学共同探讨。

3. 以小组为单位，每个小组 4～6 人，进行讨论交流，并提交分析报告，制作相应的 PPT。

【任务学习】

能够使用 PC/TP 熟练创建相机界面、设定相机参数，清楚各相机数据的作用。

## 一、创建相机界面

### 1. 使用 PC 创建相机界面

在 IE 浏览器中，输入机器人 IP 地址后进入的界面如图 3-1 所示。

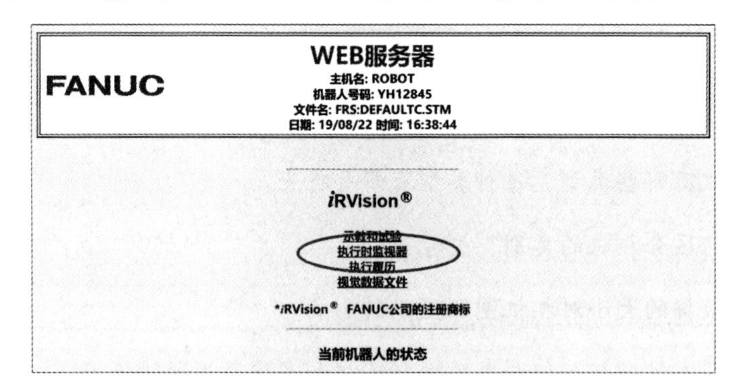


图 3-1 输入机器人 IP 地址后进入的界面

注意：PC 需跟机器人 IP 在同一网段。

（1）点击“示教和试验”按钮，进入 iRVision 编辑界面，如图 3-2 所示。

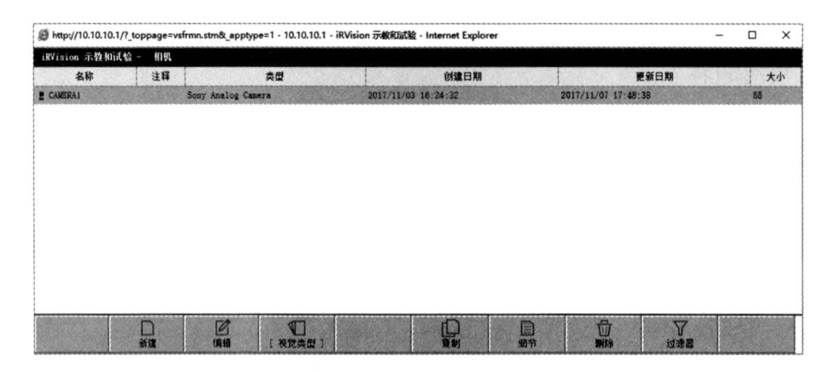


图 3-2 iRVision 编辑界面

（2）点击“视觉类型”按钮，选择“相机”选项，进入相机数据设定界面。进入相机数据设定界面的选项位置如图 3-3 所示。再点击“新建”按钮，进入“创建新的视觉数据”界面，如图 3-4 所示。

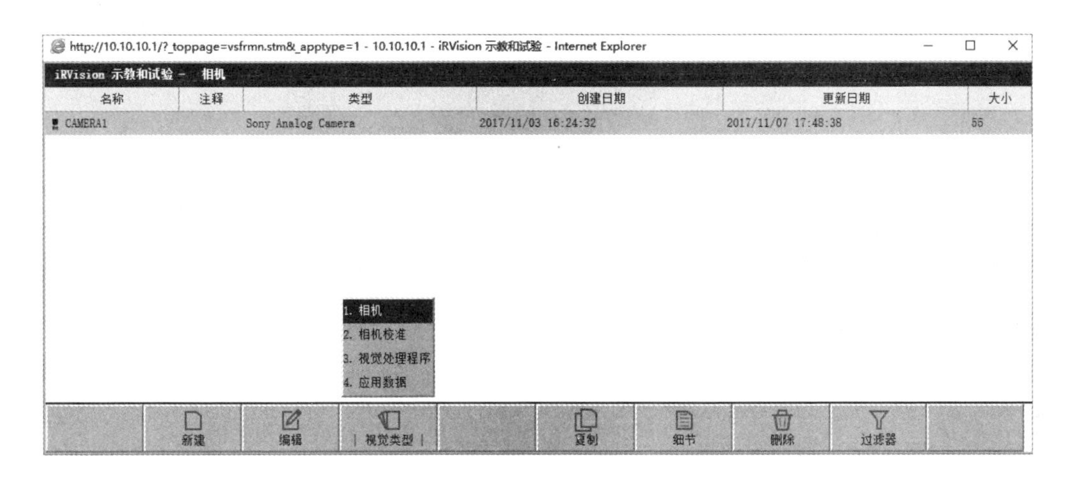


图 3-3　进入相机数据设定界面的选项位置

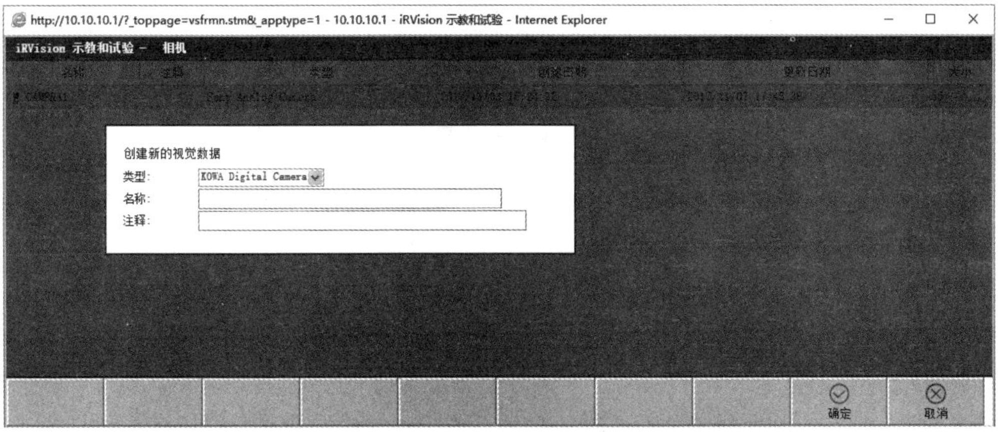

图 3-4　创建新的视觉数据界面

（3）在图 3-5 所示的各类相机选项界面中，选择相机的类型、输入相机的名称，点击“确定”按钮，显示如图 3-6 所示的创建相机数据界面。

类型：根据相机类型，可以选择 KOWA Digital Camera（数字相机）、Sony Analog Camera（模拟相机）、USB Camera on iPendant（示教器上的 USB 相机）。

创建新的视觉数据

类型: KOWA Digital Camera

名称: KOWA Digital Camera

注释: Sony Analog Camera

USB Camera on iPendant

图 3-5　各类相机选项界面

名称：输入新建相机数据名称。

http://10.10.10.1/?_toppage=vsfrmn.stm&_apptype=1 - 10.10.10.1 - iRVision 示教和试验 - Internet Explorer

iRVision 示教和试验 － 相机

| 名称 | 注释 | 类型 | 创建日期 | 更新日期 | 大小 |
| --- | --- | --- | --- | --- | --- |
| CAMERA1 | | Sony Analog Camera | 2017/11/03 16:24:32 | 2017/11/07 17:48:38 | 55 |
| XJ | | Sony Analog Camera | 2019/08/22 19:30:20 | 2019/08/22 19:30:20 | 55 |

新建　编辑　[ 视觉类型 ]　复制　细节　删除　过滤器

图 3-6　创建相机数据界面

（4）选中创建的视觉数据后双击或者点击“编辑”按钮，进入如图 3-7 所示的编辑相机数据界面。

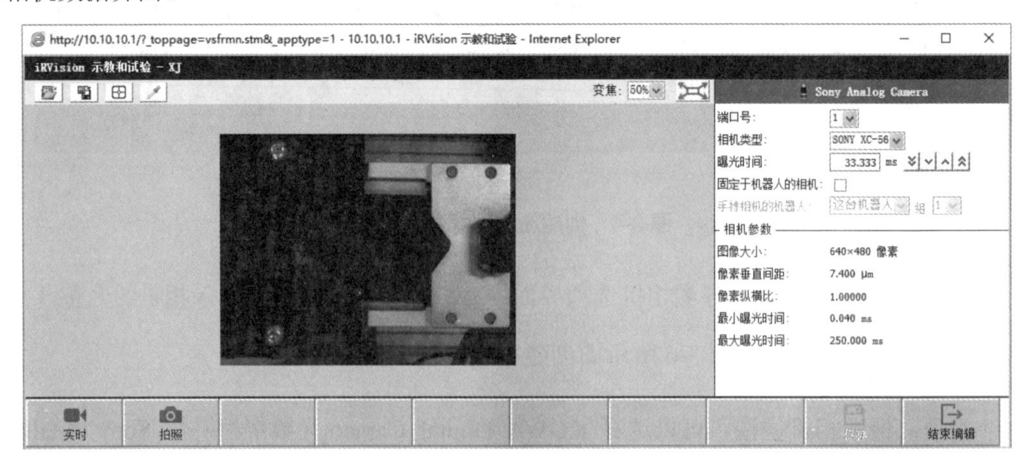


图 3-7　编辑相机数据界面

### 2. 使用 TP 创建相机界面

（1）按 MENU（菜单）键，将光标移至“iRVision”中，选择“示教和试验”选项，进入如图 3-8 所示的创建相机数据界面。

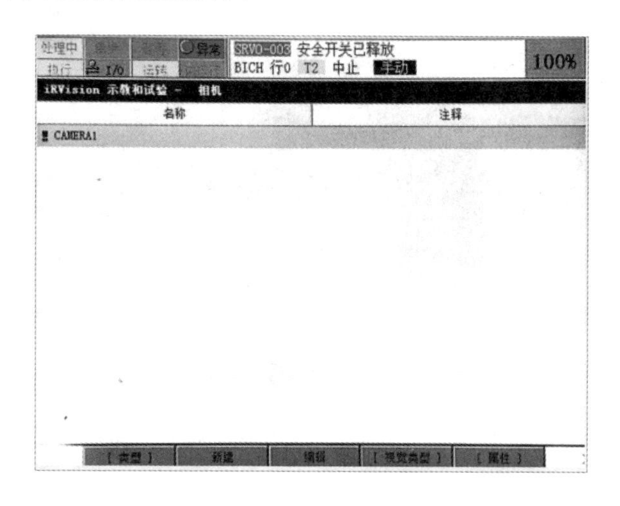


图 3-8　创建相机数据界面

（2）按 F4 键或点击“视觉类型”按钮，选择“相机”选项，进入相机数据设定界面。进入相机数据设定界面的选项位置如图 3-9 所示。再点击“新建”按钮，进入如图 3-10 所示的创建新的视觉数据界面。

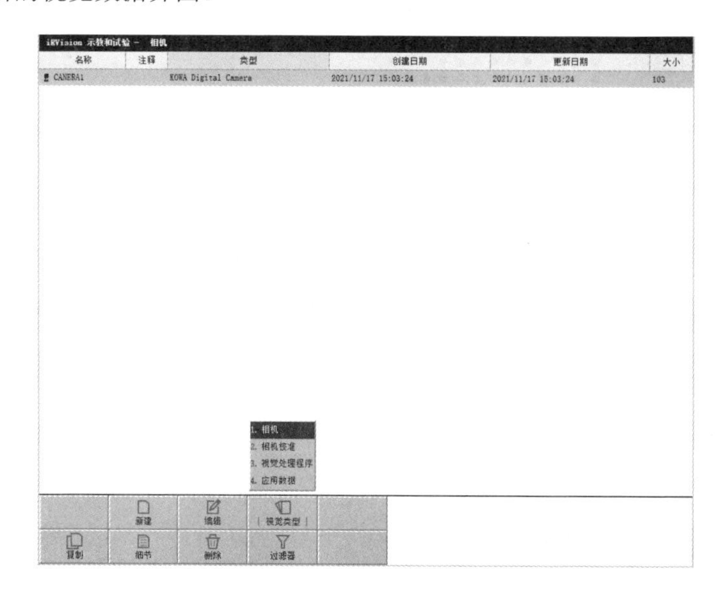


图 3-9　进入相机数据设定界面的选项位置

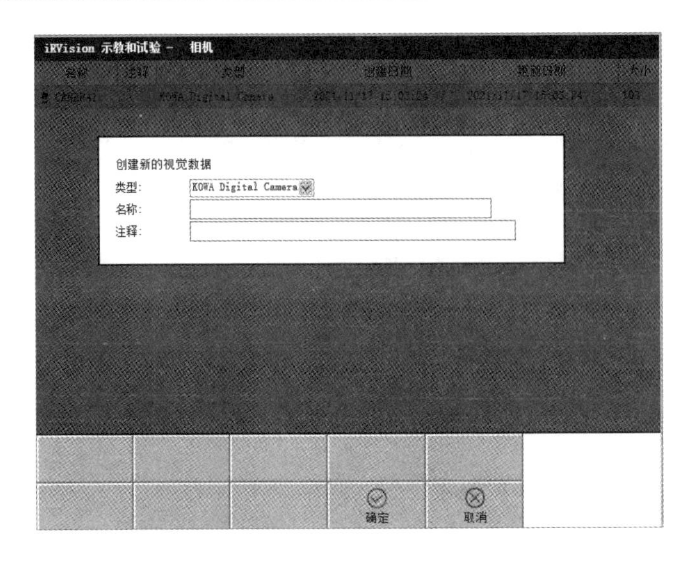


图 3-10 创建新的视觉数据界面

（3）选择相机类型和输入相机名称后，点击“编辑”按钮，进入如图 3-11 所示的编辑相机数据界面。

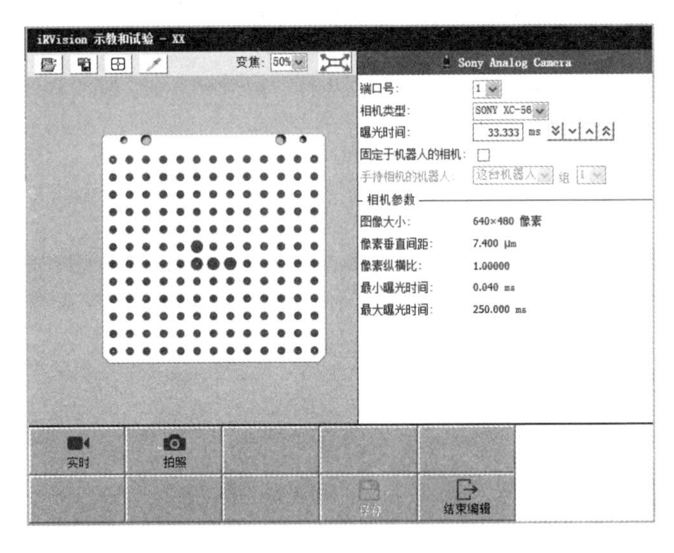


图 3-11 编辑相机数据界面

## 二、设定相机参数

### 1. 设置模拟相机参数

在图 3-12 所示的编辑模拟相机数据界面对模拟相机进行设置。

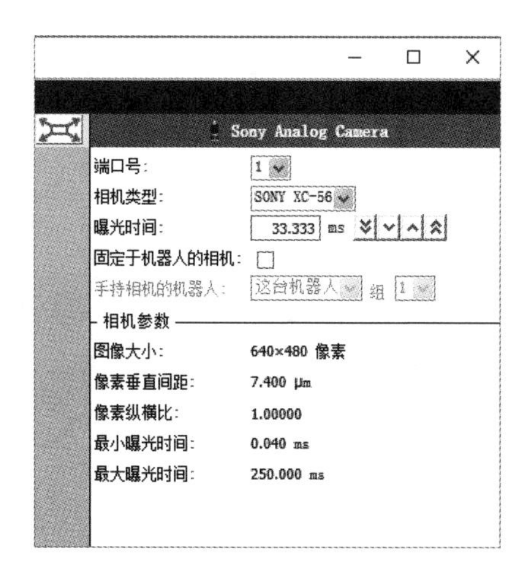


图 3-12 编辑模拟相机数据界面

端口号：直接连接控制柜主板时端口号选择为 1，若连接模拟复用器时，可以指定端口 1～4，相机和立体传感器合在一起，至多可以连接 4 台相机。

相机类型：选择相机类型。

曝光时间：设定拍摄所需的曝光时间，曝光时间越长，图像越亮。

固定于机器人的相机：相机安装于机器人上时，勾选此项。

## 2. 设置数字相机参数

在如图 3-13 所示的编辑数字相机数据界面对数字相机进行设置。

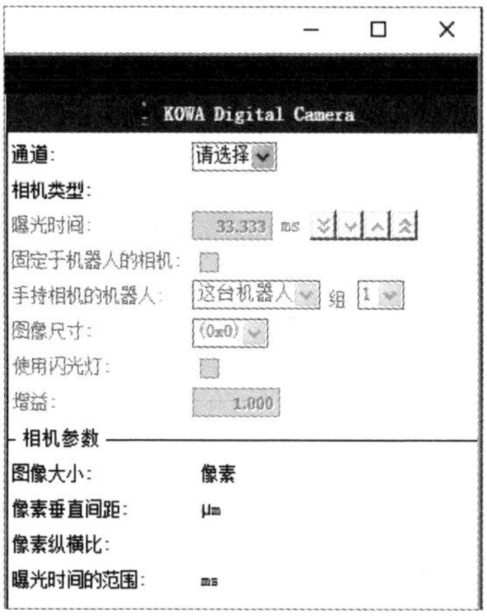

图 3-13 编辑数字相机数据界面

通道：选择连接有相机的通道，标准设定下只可以连接 1 台相机，使用多路复用器时至多可以连接 16 台相机。

曝光时间：设定拍摄所需的曝光时间，曝光时间越长，图像越亮。

固定于机器人的相机：相机安装于机器人上时，勾选此项。

图像尺寸：选择数字相机的合适图像尺寸，使其能够拍摄到整个检测区域。

使用闪光灯：使用闪光灯时，勾选此项。

增益：可以调整图像的亮度，增益值越大，图像越亮，但是会产生噪点干扰，一般使用默认值 1。

## 【任务实施】

创建相机界面和设定相机参数的步骤如表 3-1 所示。

表 3-1 创建相机界面和设定相机参数的步骤

| 步骤序号 | 任务名称 | 实施要点 | 评价模式 |
| --- | --- | --- | --- |
| 1 | 判断相机类型 | 查看实训设备上的相机类型 | 过程评价 |
| 2 | PC 连接相机 | 网线连接、IP 设置、连通性检查 | 过程评价 |
| 3 | PC 创建相机界面 | 用 PC 连接相机（网线连接、IP 设置、连通性检查）、创建相机界面 | 过程评价 |
| 4 | TP 创建相机界面 | 创建步骤 | 过程评价 |
| 5 | 设置相机参数 | 注意区分模拟相机与数字相机 | 过程评价 |

## 【问题探究】

当不改变曝光值时，如何通过其他方式改变画面亮度?

## 【任务小结】

本任务通过相机界面创建、相机参数设定的学习，要求会使用 PC/TP 熟练创建相机界面、设定相机参数，清楚各相机数据的作用。

## 【拓展训练】

**利用多路复用器进行多台数字相机间的连接**

复用器即把多路数据用一个通道输出，通常包含一定数目的数据输入，用来将 *n* 个输入通道的数据复用到一个输出通道上（以二进制数形式选择一种数据输入）。复用器有一个单独的输出，与选择的数据输入值相同。复用器类型也分多个种类，如仪器多路复用器、光电复用器。利用复用器之后，视觉系统便可以多角度拍摄识别物体各特征，以及可以更加准确地对工件实现补正等。

# ▼ 任务二 创建和示教标定相机数据 

## 【任务描述】

了解 iRVision 相机标定的基本步骤和注意事项，以及利用 PC/TP 完成相机数据标定。

## 【学前准备】

1. 查阅资料了解相机标定有哪些方法和种类。
2. 查阅资料了解坐标系在标定中起到的作用，以及不同状态使用什么坐标系。
3. 了解标定数据的作用。
4. 了解点阵板有哪几种规格尺寸，以及在标定中起到的作用。

## 【学习目标】

通过对 iRVision 点阵板的了解，对坐标系和标定数据的设置、创建、示教等基础知识的学习，以小组为单位，完成实训任务。

## 【学习要求】

1. 服从实习安排，认真、积极、主动地完成点阵板坐标系的设置、创建和示教相机标定数据等任务，保证任务学习的效果。

2. 认真学习，收集任务相关资料，将任务完成过程中所遇到的问题记录下来，并与老师、同学共同探讨。

3. 以小组为单位，每个小组 4～6 人，进行讨论交流，并提交分析报告，制作相应的 PPT。

## 【任务学习】

能够使用 PC/TP 熟练设置点阵板坐标系、创建和示教相机数据，清楚地了解坐标系在相机示教中的重要作用。

## 一、认识点阵板

点阵板是用于相机标定的专用工具。FANUC 公司提供不同尺寸的点阵板。点阵板格子的间隔有 7.5mm、11.5mm、15mm、25mm、30mm 等，一般选用比相机视野尺寸大的点阵板。标准点阵板上有 11×11 个圆点，但在标定时只需要检出 7×7 个圆点，其中间的 4 个大圆点必须检出。点阵板工具图如图 3-14 所示。

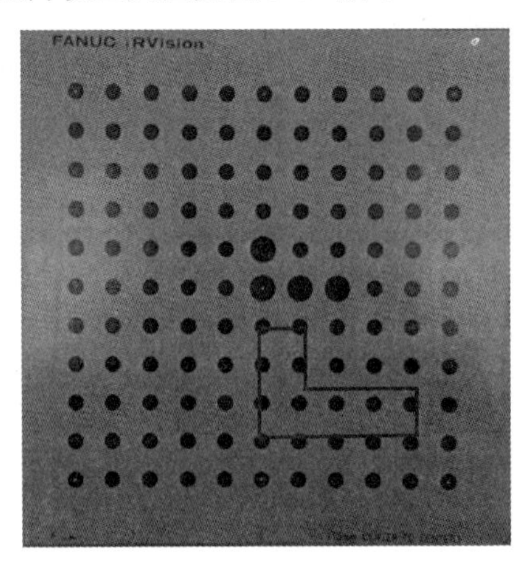


图 3-14 点阵板工具图

## 二、设定坐标系

### 1. 熟悉坐标系的概念

（1）基准坐标系：用于计算相机标定基准的用户坐标系，一般使用默认的 0 号用户坐标即可。

注意：若连接相机的机器人与手持点阵板的机器人不是同一台机器人，就需要在这两台机器人上设定共同的用户坐标系来作为基准坐标系。

（2）点阵板坐标系：进行点阵板相机标定时用于计算实物和图像之间的数学关系的坐标系。

注意：点阵板固定安装时，设为用户坐标系；安装于机器人上时，设为工具坐标系。

### 2. 手动设定点阵板坐标系

（1）当点阵板固定安装时，需设定用户坐标系。

用户坐标系设定时，通常采用四点法。图 3-15 所示为用四点法设定用户坐标系界面。

图 3-15 用四点法设定用户坐标系界面

用户坐标系：以当前工具的工具坐标系，去设置用户坐标系的 4 个点。

四点：设定点阵板上的 4 个点。点阵板设置参考图如图 3-16 所示。

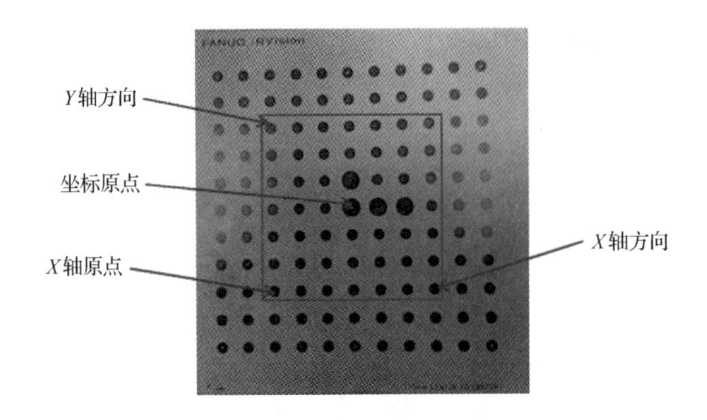


图 3-16　点阵板设置参考图

注意：基于用户坐标系补偿的 2D 视觉应用，所有补偿量的计算都是基于用户坐标系的。手动设定时，用户坐标系的计算又基于 TCP。而 TCP 的精度将通过用户坐标系影响机器人视觉的精度，因此在设定用户坐标系之前要尽可能精准设定 TCP。

基于用户坐标系补偿的 2D 视觉应用，若对工具坐标系方向没有要求，则可以使用三点法进行设定。

注意：相机光轴必须垂直于点阵板。

（2）点阵板安装于机器人上时，需设定工具坐标系。

设定工具坐标系时，通常采用六点法。图 3-17 所示为用六点法设定工具坐标系界面。

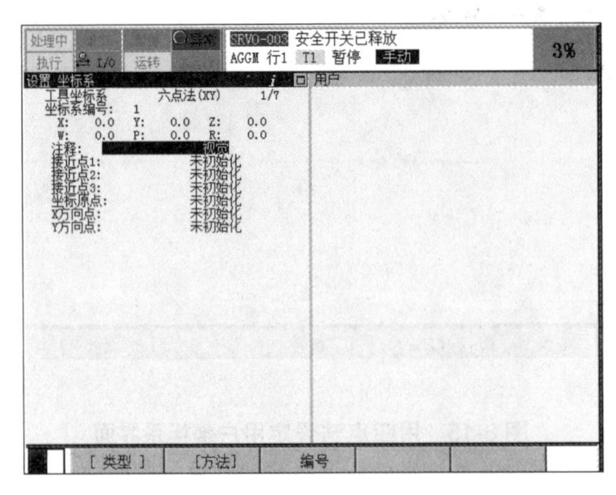


图 3-17　用六点法设定工具坐标系界面

工具坐标系：TCP 基准固定在支架上，可以选用工具坐标系六点法（*XY*）和六点法（*XZ*）来设定，这里我们选用六点法（*XY*）。

六点：设定点阵板上六个点。设定工具坐标系直接输入法界面如图 3-18 所示。

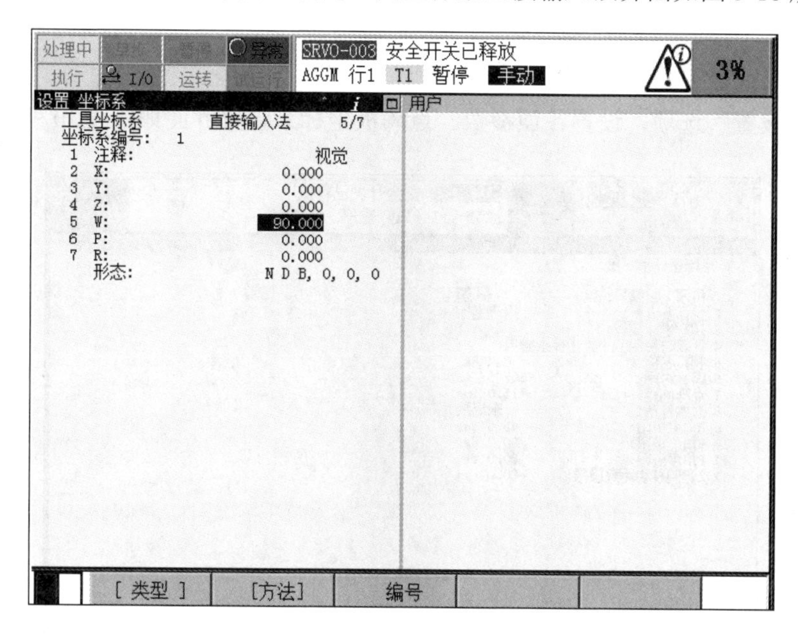


**图 3-18　设定工具坐标系直接输入法界面**

注意：若使用六点法（*XZ*）设置完成后，则需要用直接输入法将 *W* 增加 90°。

点阵板上设定点，六点位置示意图如图 3-19 所示。设定完成后，需进行 TCP 精度的检验，确定旋转中心在点阵板的中心点上。

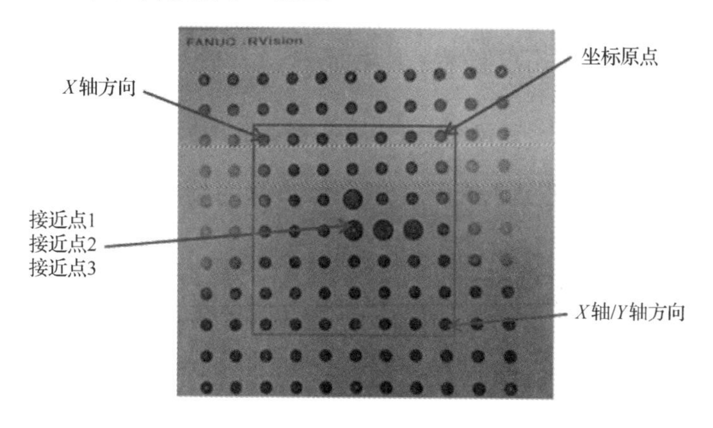


**图 3-19　六点位置示意图**

### 3. 自动设定点阵板坐标系

六轴机器人可以使用点阵板坐标系设置功能进行自动设定。点阵板分为固定安装与安装于机器人上。

（1）按 MENU（菜单）键，在 iRVision 用户界面点击“视觉工具”按钮，选择“点阵板坐标系设置”选项，设置各项参数。点阵板坐标系设置界面如图 3-20 所示。

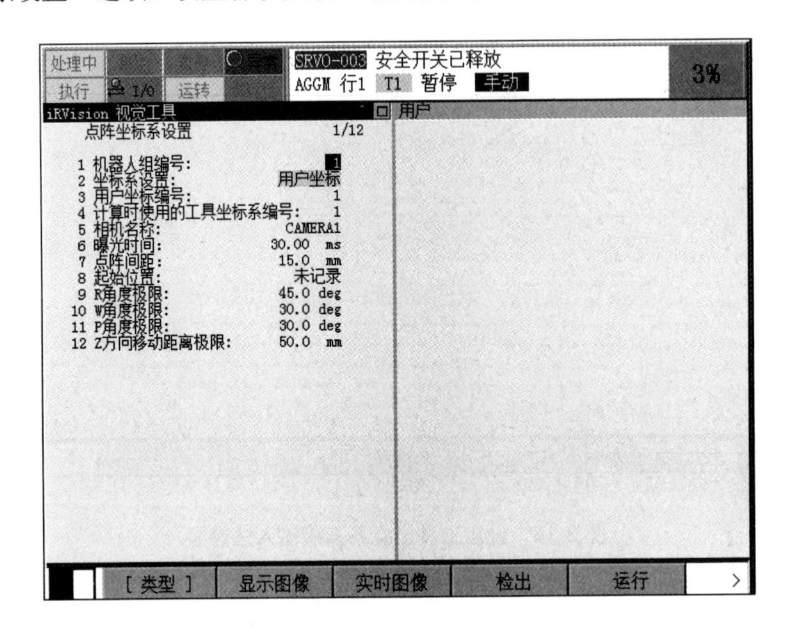


**图 3-20　点阵板坐标系设置界面**

机器人组编号：指定用于测量的组编号。

坐标系设置：可以选择用户坐标/工具坐标。

用户坐标编号：当坐标系设置选为工具坐标时，此项为“工具坐标编号”，可以指定 1～10 任意编号；当坐标系设置选为用户坐标时，此项为“用户坐标编号”，可以指定 1～9 任意编号。

计算时使用的工具坐标系编号：坐标系设置选为用户坐标时才可以设置，工具坐标系编号可以指定 1～10 任意编号。

相机名称：选择之前建立的相机名称。

曝光时间：指定读入图像时的曝光时间，进行调整，使点阵板中黑色圆圈清晰可见。

点阵间距：点阵板的点阵间距，这里设为15mm。

（2）设置起始位置及机器人动作范围，界面如图3-21所示。

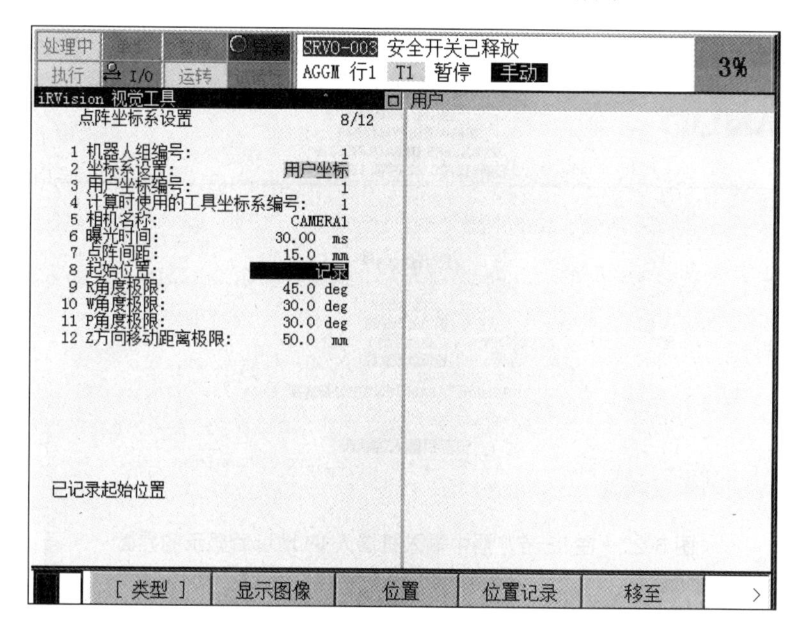


图3-21 设置起始位置及机器人动作范围界面

起始位置：相机在机器人上时，移动机器人到点阵板上方，其手持相机可以拍到整个点阵板的位置后，按住Shift键，同时按F4键或点击“位置记录”按钮，起始位置就记录好了。

相机固定时，把点阵板放在相机能拍到的位置，按住Shift键，同时按F4键或点击“位置记录”按钮，起始位置就记录好了。

4个动作范围极限：剩下4个为机器人的动作范围极限，图中是默认设置。

注意：若没有足够完成动作的空间，则适当缩小机器人动作范围。

设定完成后按住Shift键，同时按F5键（运行），之后按F4键（确定），完成点阵板坐标系的自动设置。

## 三、相机标定数据

### 1. 创建相机标定数据

图 3-22 所示为在 IE 浏览器中输入机器人 IP 地址后显示的界面。

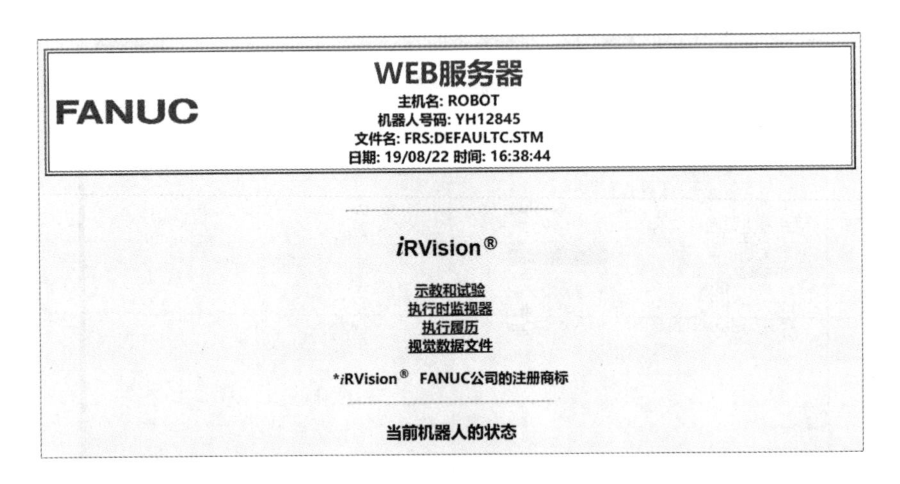


图 3-22　在 IE 游览器中输入机器人 IP 地址后显示的界面

注意：PC 需跟机器人 IP 在同一网段。

（1）点击“示教和试验”按钮，进入 iRVision 编辑界面，如图 3-23 所示。

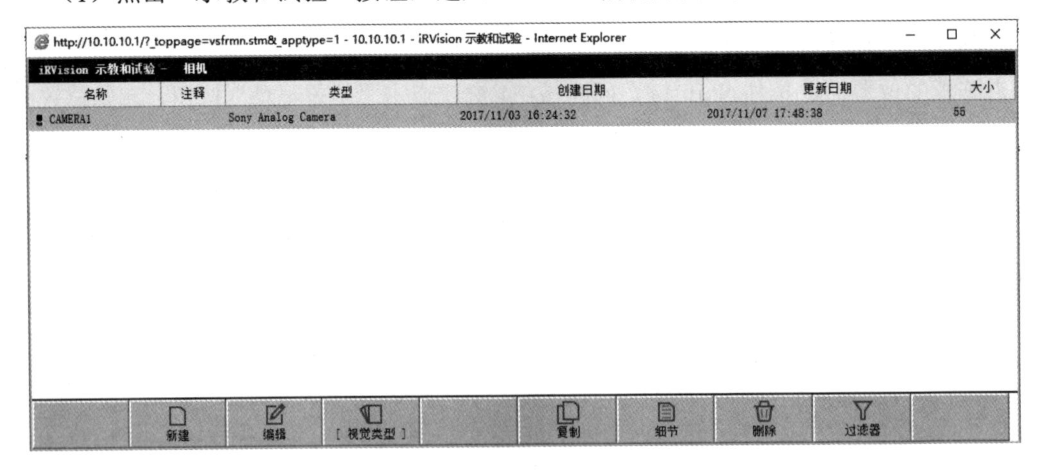


图 3-23　iRVision 编辑界面

点击“视觉类型”按钮，选择“相机校准”命令，如图 3-24 所示。点击“新建”按钮，进入创建新的视觉数据设定界面，如图 3-25 所示。

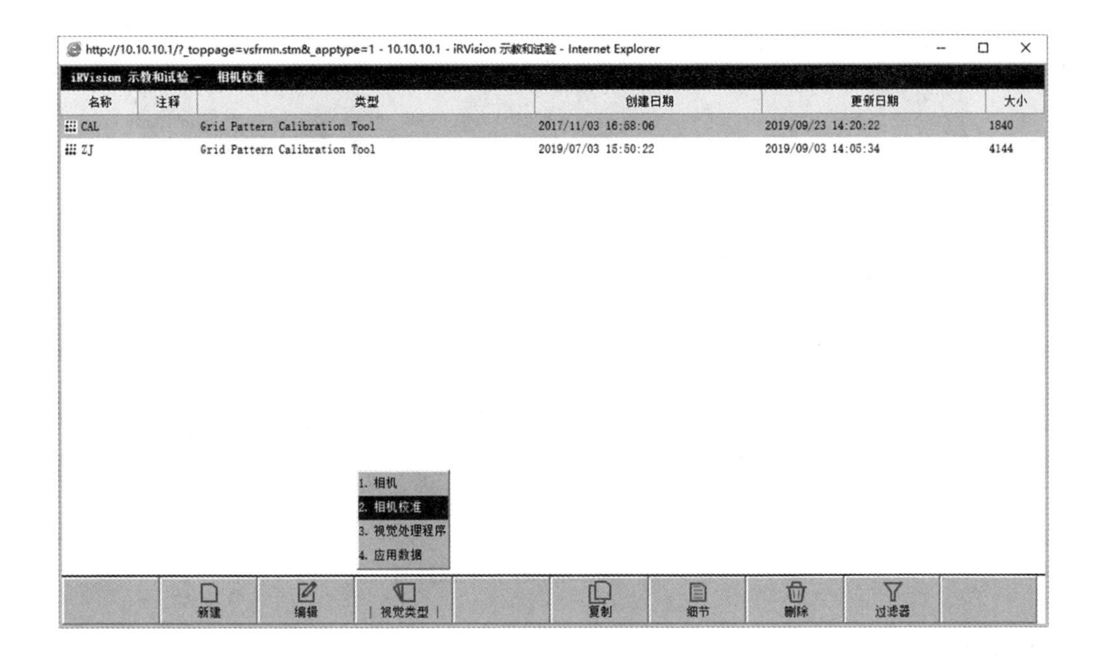


图 3-24 选择“相机校准”命令

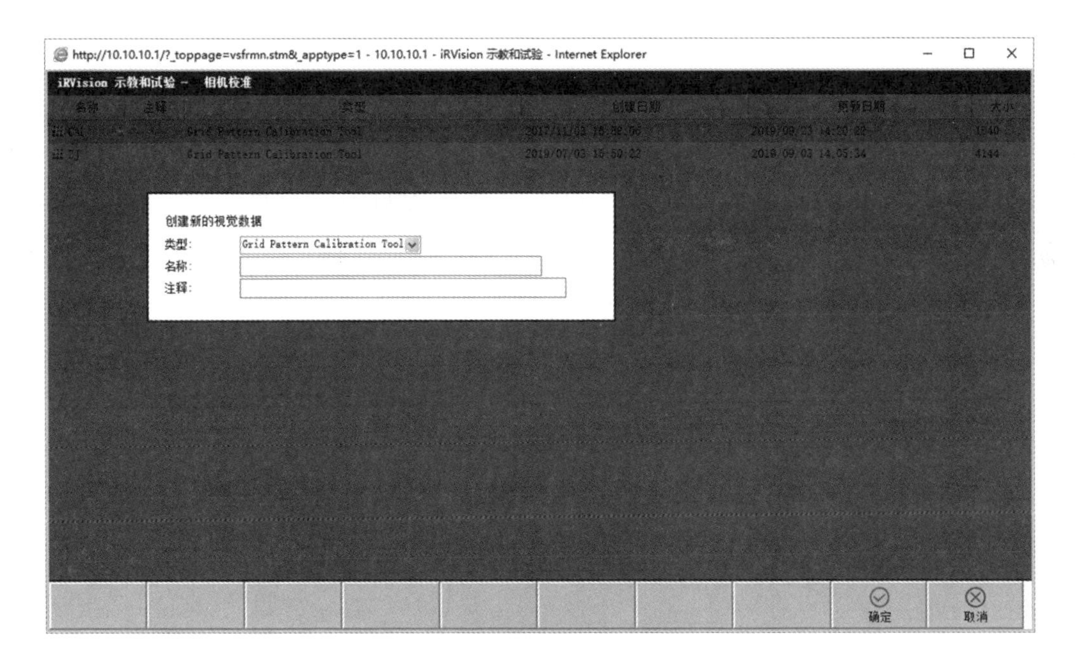


图 3-25 创建新的视觉数据设定界面

（3）创建新的视觉数据，界面如图 3-26 所示。

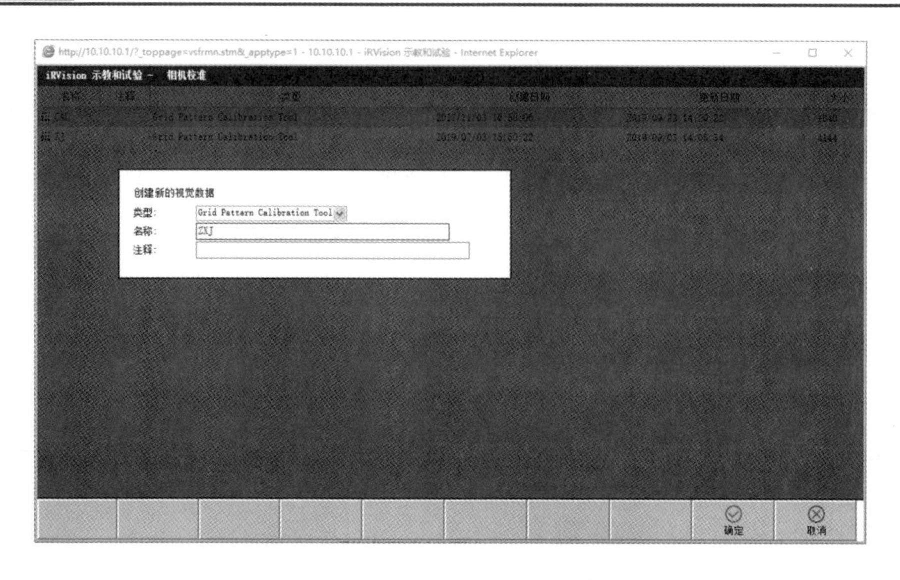


图 3-26 创建新的视觉数据界面

类型：根据视觉数据类型，可以选择 Grid Pattern Calibration Tool（栅格图案校准工具）、Robot-Generated Grid Cal Tool（机器人生成网格工具）、点阵板标定选择和栅格图案校准工具。

名称：相机标定数据文件名，自定义。

（4）双击“ZXJ”（刚才创建的视觉数据），进入相机校准数据设定界面，如图 3-27 所示。

图 3-27 相机校准数据设定界面

## 2. 示教相机标定数据

在“相机”下拉列表中选择之前创建的相机“XJ”选项，点击“拍照”按钮，即可呈现一个点阵板的图像。标定点阵板相机校准数据设定示意图如图 3-28 所示。

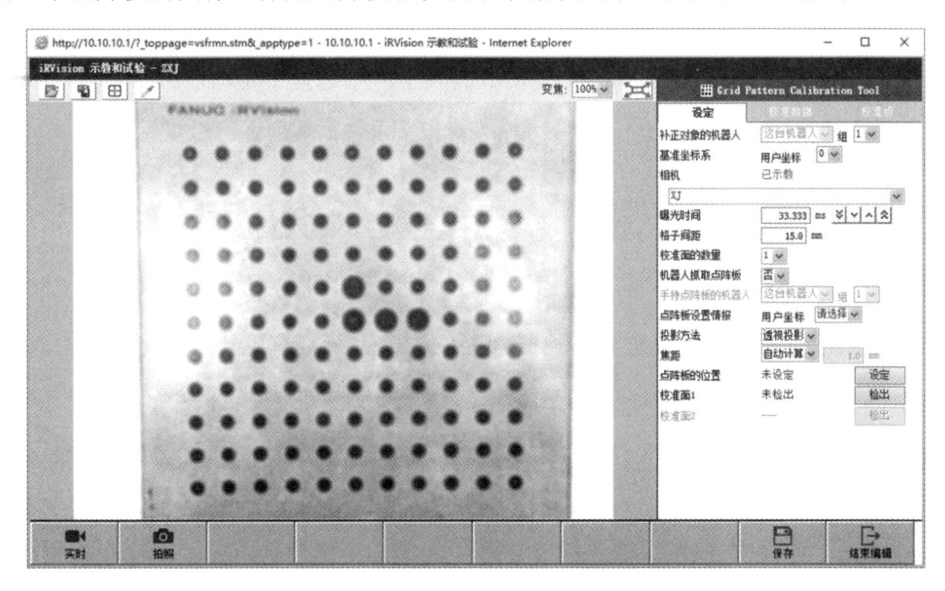


图 3-28　标定点阵板相机校准数据设定示意图

（1）设置相机标定参数，如图 3-29 所示。

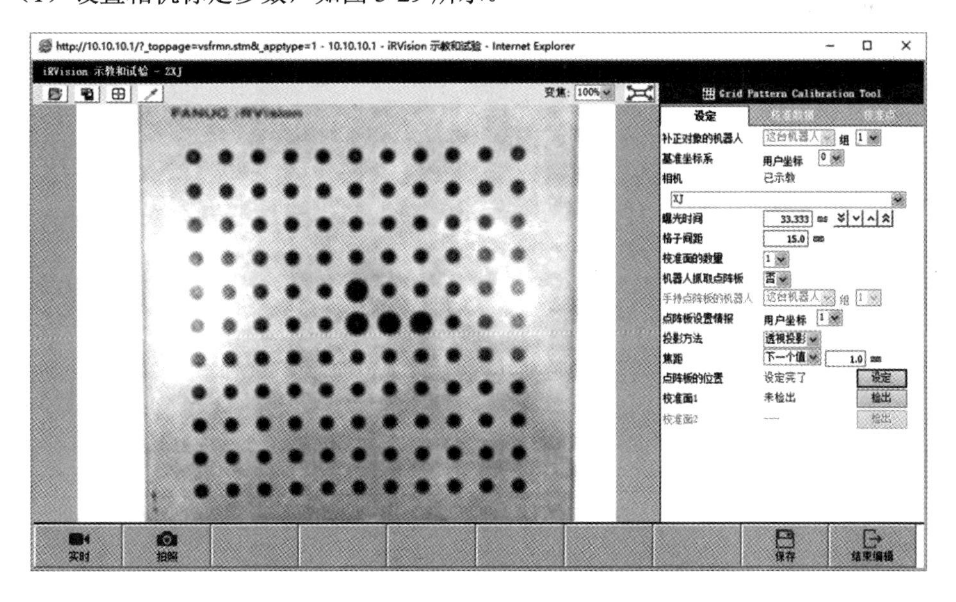


图 3-29　设置相机标定参数

曝光时间：在此界面上检测点阵板时的曝光时间。

格子间距：输入要使用的点阵板的格子间距。

校准面的数量：这里我们选用的是 1 板法标定，选择 1。

机器人抓取点阵板：若点阵板安装在机器人上，则选择“是”。

点阵板设置情报：选择设定好的点阵板坐标系。

焦距：焦距也称为焦长，是光学系统中衡量光的聚集或发散的度量方式，指从透镜中心到光聚集之焦点的距离，也是照相机中，从镜片光学中心到底片、CCD 或 CMOS 等成像平面的距离。短焦距的光学系统比长焦距的光学系统具有更佳聚集光的能力。1 板法标定时，无法计算焦距，需手动输入。

点阵板的位置：以上参数设定完成后，点击“设定”按钮即可。

（2）点击“拍照”按钮，框选标定点阵板的检出范围后，点击“确定”按钮即可。选择标定点阵板数据的位置示意图如图 3-30 所示。

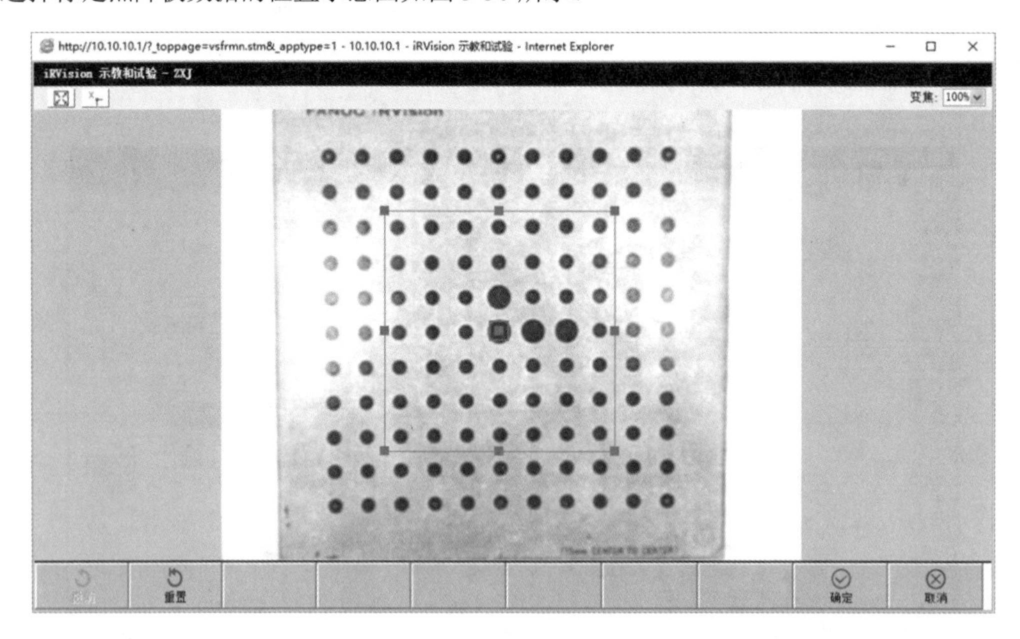


图 3-30　选择标定点阵板数据的位置示意图

注意：方框选择包含 4 个大圆点在内的 7×7 的范围，点击“确定”按钮（若出现相机未识别到最大的那个圆点，则需要调整相机的镜头清晰度或者相对于点阵板的距离来突出那个大圆点）。确定点阵板标定数据示意图如图 3-31 所示。

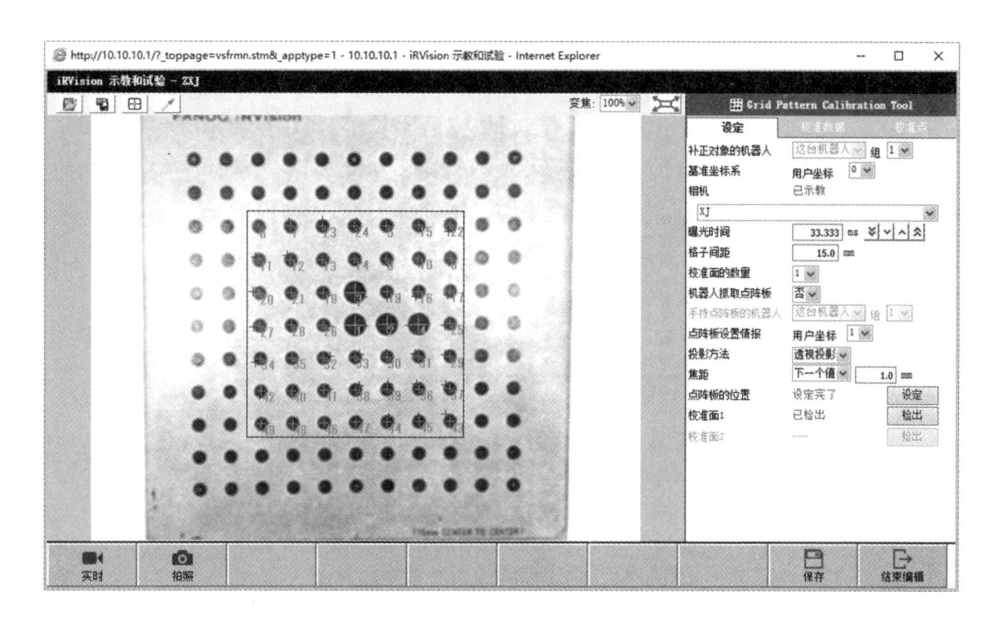


图 3-31　确定点阵板标定数据示意图

（3）确定标定数据。确定点阵板标定数据示意图如图 3-32 所示，确定点阵板校准数据示意图如图 3-33 所示。

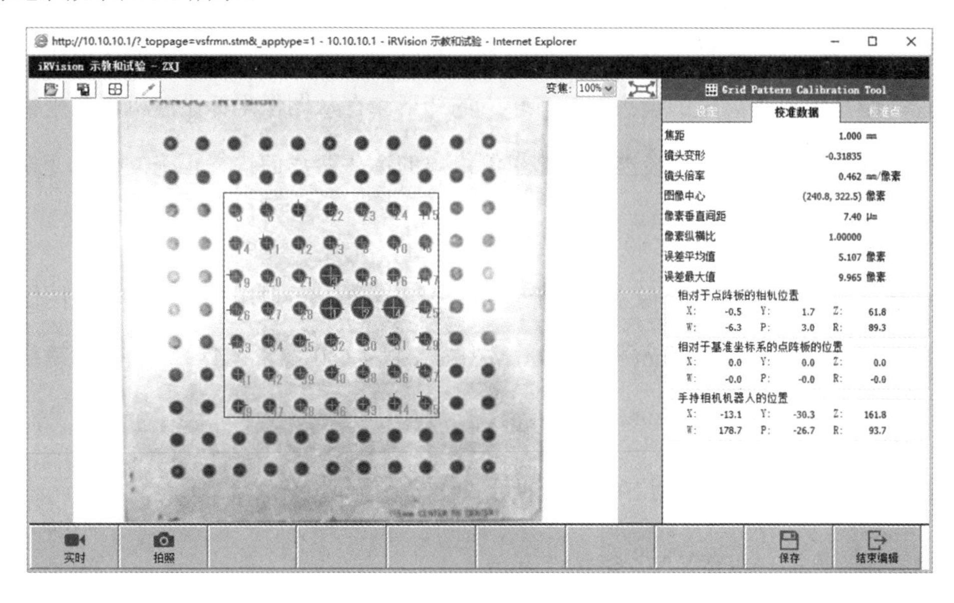


图 3-32　确定点阵板标定数据示意图

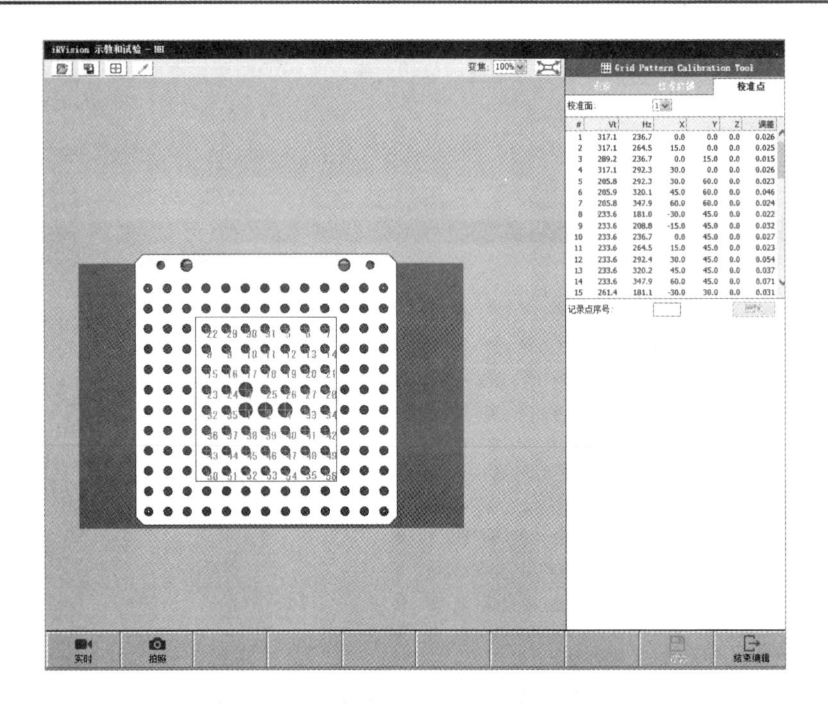


图 3-33　确定点阵板校准数据示意图

校准数据：点击“校准数据”选项卡，确认各数据是否准确（此图因受设备因素影响，有些参数会有误差）。

焦距：1 板法标定时，确定为手动输入的值。

镜头变形：这是计算出的镜头变形系数，它表示绝对值越大，镜头的变形越大，一般来说，越是焦点距离短的镜头越具有较大的变形。在从图像坐标系向机器人坐标系正确进行坐标变换时，点阵板校准使用这里测量出的镜头变形而进行正确的坐标变换，也叫镜头失真度。

镜头倍率：表示每 1 个像素相对于实物的多少 mm，可以用视野尺寸除以图像尺寸来得知，如视野尺寸为 262mm×169mm，图像尺寸为 640 像素×480 像素，则镜头倍率为 262mm÷640 像素≈0.409mm/像素。

图像中心：在(240,320)±10%以内即可。

像素垂直间距：SONY XC-56 为 7.4μm。

像素纵横比：SONY XC-56 为 1。

误差平均值、最大值：平均误差与最大误差确定在允许范围之内即可（0.5 左右）。

（4）校准点。点阵板数据误差示意图如图 3-34 所示。

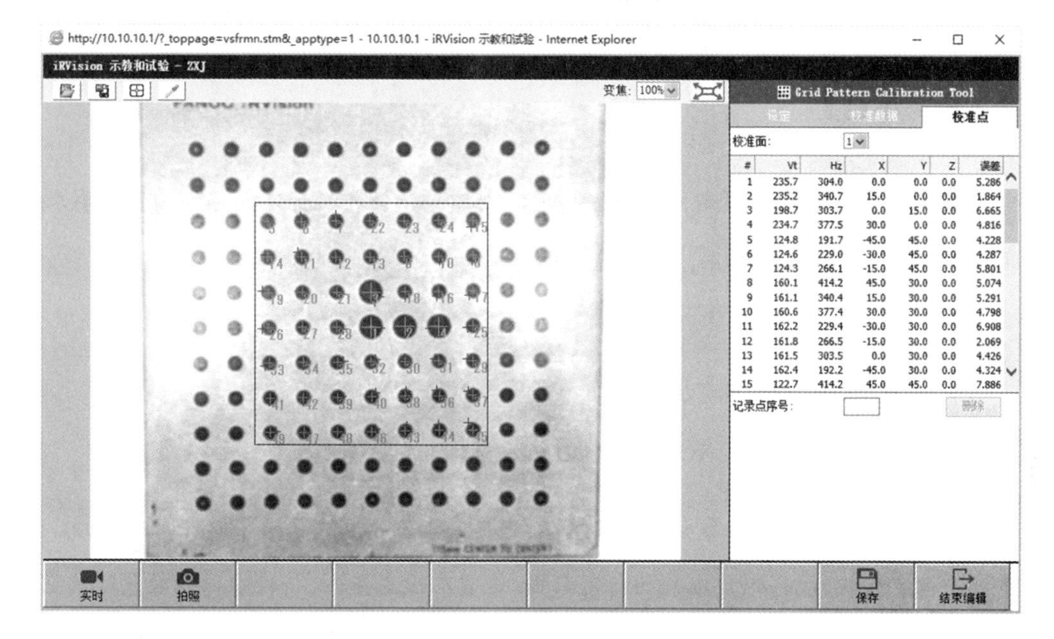


图 3-34　点阵板数据误差示意图

点击“误差”按钮，可以对误差值进行排序。若误差值>0.5，则可以将其删除，标定数据将重新进行计算。

确定标定点都符合标准后，先点击“保存”按钮，再点击“结束编辑”按钮即可。

## 【任务实施】

标定相机数据步骤如表 3-2 所示。根据表 3-2，完成认识点阵板、设置点阵板坐标系和标定相机数据的任务。

表 3-2　标定相机数据步骤

| 步骤序号 | 任务名称 | 实施要点 | 评价模式 |
| --- | --- | --- | --- |
| 1 | 认识点阵板 | 知道什么是点阵板，熟悉其作用 | 过程评价 |
| 2 | 设置点阵板坐标系 | 查看实训设备的点阵板是固定安装的还是安装到机器人上面的，并改变相机的安装方式，注意坐标系的选择（用户坐标还是机械坐标） | 过程评价 |
| 3 | 标定相机数据 | 利用点阵板进行标定 | 过程评价 |

## 【问题探究】

若校准点误差较大，该怎么进行修改？

## 【任务小结】

本任务通过手动/自动设定点阵板坐标系、创建和示教相机标定数据的学习，要求会使用点阵板设定点阵板坐标系，并熟练示教相机标定数据。

## 【拓展训练】

### 2 板法标定

机器人手持相机或者机器人手持点阵板时，可以改变相机与点阵板之间的距离。使用 2 板法标定相机，能得到更准确的标定数据。这需在设定界面，将校准面的数量改为 2，在相距 100～150mm 的 2 个位置上对点阵板进行成像检测，从而自动计算出标定数据。如果需要快速又准确地移动 2 个拍照的位置，可以用程序来记录拍照位置。

注意：2 板法标定时，焦距为自动计算的结果，计算出来的焦距与镜头的标称焦距的差应该在镜头的±5%以内。

# 项 目 四

# 视觉处理程序

## 项目教学导航

<table>
<tr><td rowspan="5">教</td><td>教学目标</td><td>1. 理解补正用坐标系的作用及设置方式<br>2. 掌握 2D 单视图视觉处理程序<br>3. 掌握 2D 多视图视觉处理程序</td></tr>
<tr><td>知识重点</td><td>1. 补正用坐标系的设置方式和场合<br>2. 2D 单视图视觉处理程序的设置流程<br>3. 2D 多视图视觉处理程序的设置流程</td></tr>
<tr><td>知识难点</td><td>补正坐标系的使用场合</td></tr>
<tr><td>推荐教学方法</td><td>步骤讲解与实际操作相结合</td></tr>
<tr><td>建议学时</td><td>12 学时</td></tr>
<tr><td>学</td><td>学习目标</td><td>1. 掌握补正用坐标系的作用和设置方式<br>2. 掌握 2D 单视图视觉处理程序<br>3. 掌握 2D 多视图视觉处理程序</td></tr>
<tr><td>做</td><td>实训任务</td><td>1. 补正用坐标系的设置及作用<br>2. 2D 单视图视觉处理程序<br>3. 2D 多视图视觉处理程序</td></tr>
</table>

## 项目引入

**问：**相机标定好之后，是不是就可以设置视觉处理程序了？

**答：**是的。

**问：**怎么设置视觉处理程序？

**答：**本项目将分为补正用坐标系的作用及设置、2D 单视图视觉处理程序与 2D 多视图视觉处理程序 3 个任务，带领大家学习视觉处理程序。

## 知识图谱

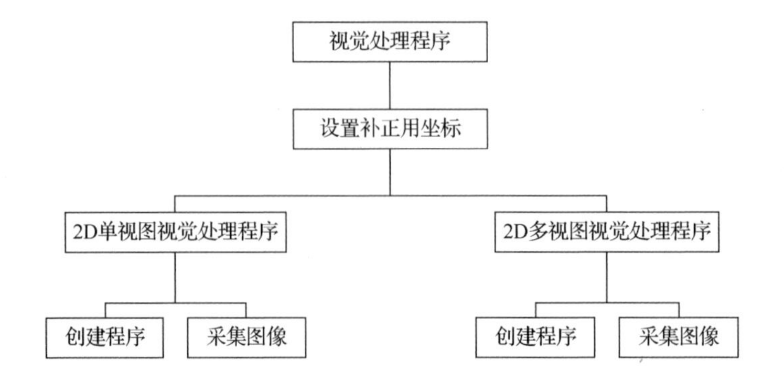

本项目会以 FANUC 机器人 iRVision 视觉处理程序为例，讲述 iRVision 补正用坐标的作用及设置方法、2D 单视图视觉处理程序和 2D 多视图视觉处理程序的创建及设置，让大家熟悉 iRVision 系统的使用方法。

## 任务一　补正用坐标系的作用及设置

### 【任务描述】

理解补正用坐标系的作用，掌握补正用坐标系的设置方法。

### 【学前准备】

1. 提前复习机器人坐标系的概念。
2. 查阅资料理解视觉坐标系的概念。

### 【学习目标】

通过对相关视觉处理程序的认知学习，以小组为单位，完成实训任务，探究补正用坐标系的作用，掌握补正用坐标系设置流程。

### 【学习要求】

1. 服从实习安排，认真、积极、主动地完成规定的任务，保证任务学习的效果。
2. 认真学习，收集任务相关资料，将任务完成过程中所遇到的问题记录下来，并和老师、同学共同探讨。
3. 以小组为单位，每个小组 4～6 人，进行讨论交流，并提交分析报告，制作相应的 PPT。

### 【任务学习】

通过相机校准建立实物与图形之间的数学关系和相机图像坐标与机器人坐标的数学

关系后，iRVision 使用相机对工件的位置进行测量，对处在与示教机器人程序时不同位置的工件，采用相同的方式进行形态补正机器人的动作。

工件的偏差量是为进行机器人位置的补正而被使用的，所以将其叫作“补正量”或者“补偿数据”。补偿数据是根据进行机器人程序示教时的工件位置和现在的工件位置而计算出的。我们将进行机器人程序示教时的工件位置叫作“基准位置”，将现在的工件位置叫作“实测位置”。基准位置与实测位置之差就是“补偿数据”。基准位置在进行机器人程序示教时由 iRVision 进行测量，并被存储在 iRVision 的内部。我们将基准位置交给 iRVision 的操作叫作“基准位置设定”。

为了正确计算出每一次的补正量，需要建立一个补正用坐标系。在补正用坐标系下，iRVision 通过机器人的补正设置计算补正量，补正的方式主要包括两种方式：位置补正和抓取偏差补正。补正方式如图 4-1 所示。

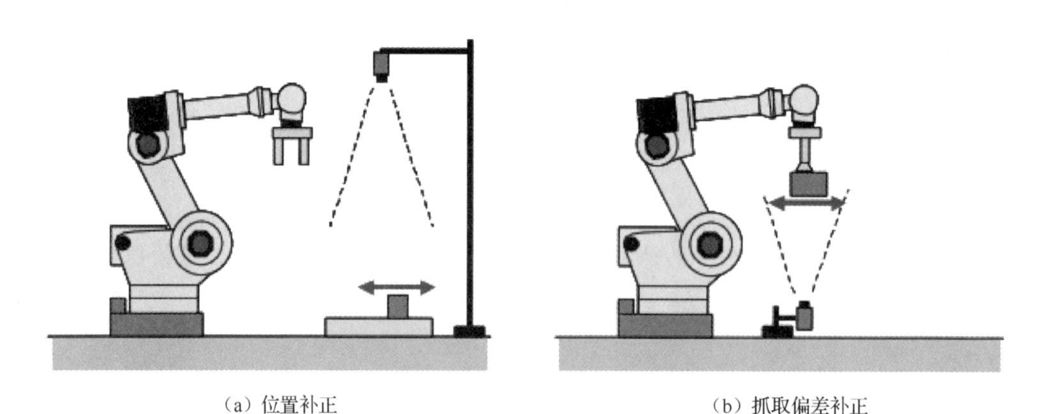

（a）位置补正　　（b）抓取偏差补正

图 4-1　补正方式

通过补正，iRVision 系统把被识别物体的颜色、形状、位置等特征信息发送给中央控制器和机器人控制器，根据被识别物体具有的不同特征而执行相对应的动作。

## 一、补正用坐标系的作用

### 1. 补正用坐标系

所谓的补正用坐标系，是用于计算补正量的坐标系。在建立相机的图像坐标系与机器人坐标的数学关系后，如果要进行图像坐标与机器人坐标的位置补正或者机器人抓取偏差的补正时，需要进行补正用坐标系的设置，一般采取点阵板坐标系设置功能进行补正用坐标系的自动设定。补正用坐标系设置界面如图 4-2 所示。

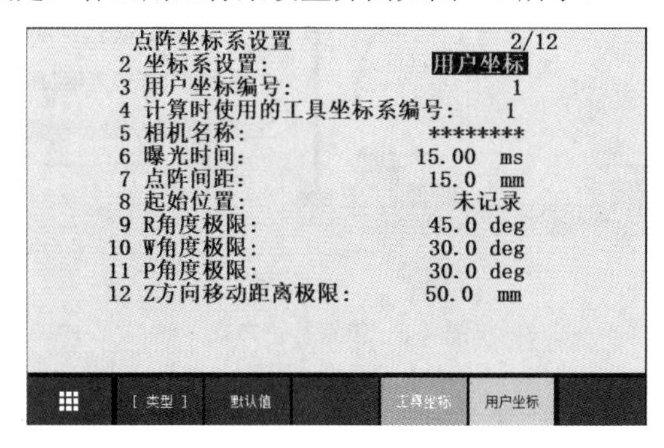


图 4-2 补正用坐标系设置界面

### 2. 补正用坐标系的进入方法

在机器人示教器面板上执行 MENU（菜单）→iRVision→“示教和试验”命令，打开［2-D Single-View Vision Process］（1 台相机的二维补正）的编辑界面。

### 3. 补正用坐标系的设置方法

补正用坐标系可以用点阵板坐标系设置功能进行自动设定，点阵板坐标系设置方法参照项目三的内容进行。补正用坐标系的设置分为位置补正和抓取偏差补正。不论是位置补正还是抓取偏差补正，补正用坐标系的 *XY* 平面必须与工件的移动平面平行，并且与相机光轴垂直。

## 二、补正用坐标系的设置

### 1. 位置补正设置

位置补正就是用相机观察放置在工作台等上的工件，测量工件偏离多少而被放置，以能够正确对偏离放置的工件进行作业（如抬起）的方式补正机器人的动作。机器人抓取工件前，确定机器人坐标与相机的图像坐标位置关系时需要选择位置补正。进行位置补正时，补正用坐标系设定为用户坐标系。位置补正方式如图 4-3 所示。

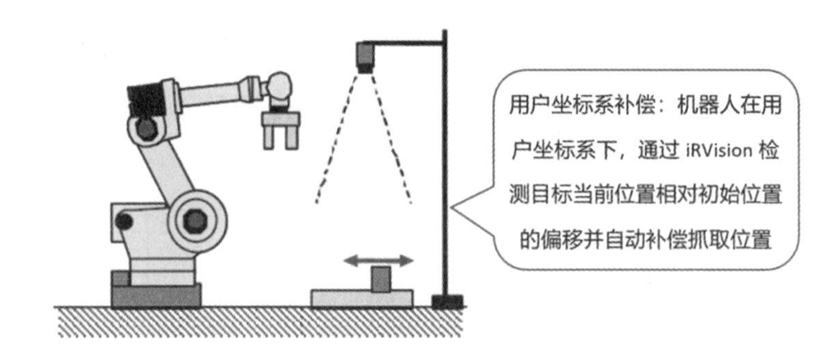


图 4-3　位置补正方式

选择位置补正模式后，在补正用坐标系界面设置相关参数。位置补正设置界面如图 4-4 所示。

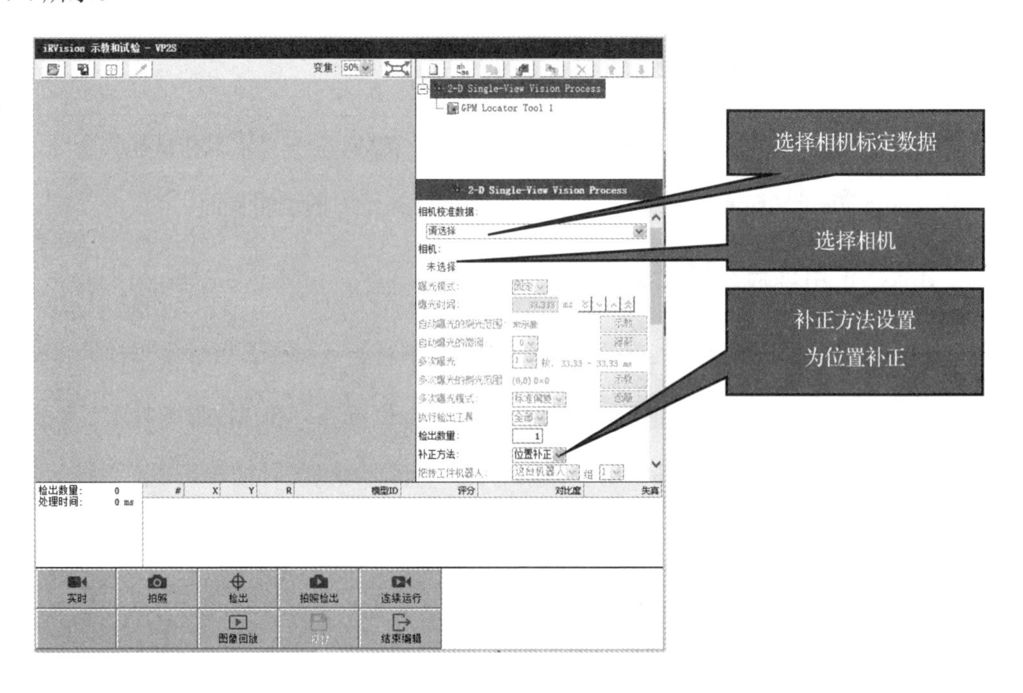


图 4-4　位置补正设置界面

## 2. 抓取偏差补正设置

抓取偏差补正就是利用相机观察在机器人偏离的状态下抓取的工件，测量偏离多少而被抓取，以能够正确对偏离抓取的工件进行作业（如放置）的方式补正机器人的动作。机器人抓取工件后，需要确定机器人坐标与工件坐标的关系时选择抓取偏差补正。进行抓取偏差补正时，补正用坐标系设为工具坐标系。抓取偏差补正方式如图 4-5 所示。

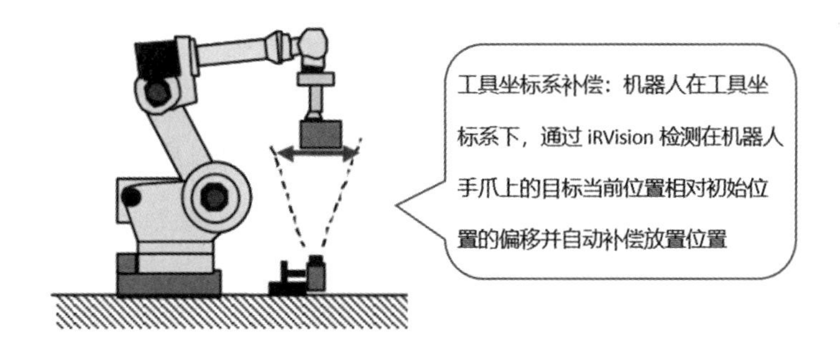


图 4-5 抓取偏差补正方式

选择抓取偏差补正模式后，在补正用坐标系界面设置相关参数。抓取偏差补正设置界面如图 4-6 所示。

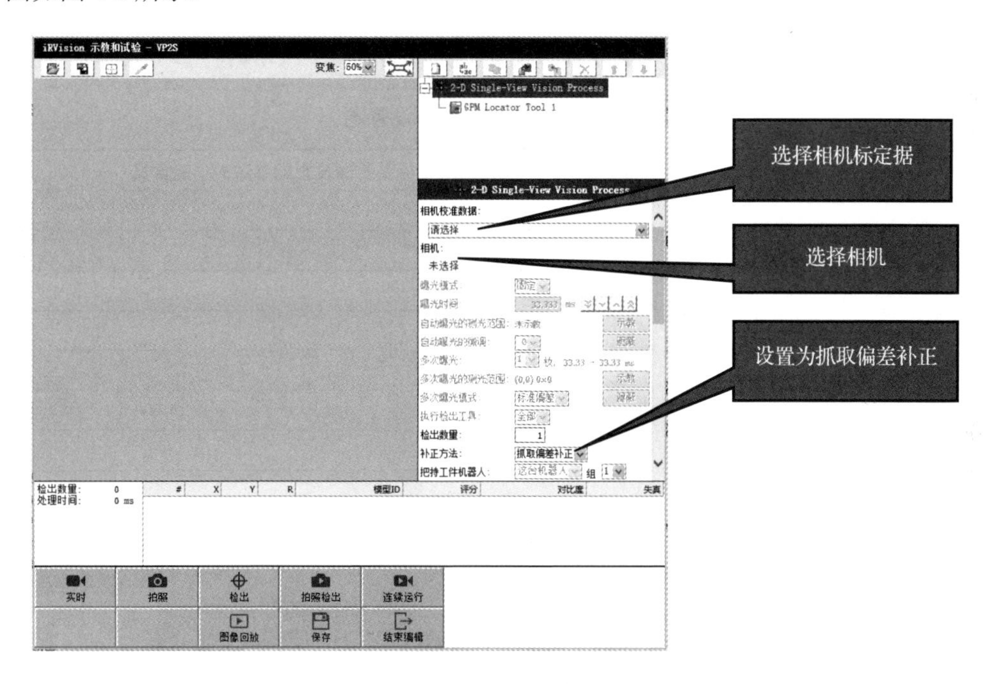


图 4-6 抓取偏差补正设置界面

## 【任务实施】

按以下步骤操作，掌握补正用坐标系的设置方法。

（1）在实训设备上按照点阵板坐标系设置方法自动设定补正用坐标系。

（2）根据实训设备要求，选择正确的补正方法。

## 【问题探究】

在正确设置了补正用坐标系后，后续如何设置视觉处理程序?

## 【任务小结】

本项目通过对补正用坐标系的设置，要求能够理解补正用坐标系的作用，能够熟练设置补正用坐标系。

## 【拓展训练】

在实训设备上，进行补正用坐标系的设置，并填写表 4-1 所示的补正用坐标系设置表。

表 4-1　补正用坐标系设置表

| 设 置 名 称 | 补正用坐标系界面设置的参数的功能含义 |
| --- | --- |
| 设置补正用坐标系 | |
| | |
| | |
| | |
| | |
| | |
| | |
| | |

# 任务二　2D 单视图视觉处理程序

## 【任务描述】

创建 2D 单视图视觉处理程序，掌握 2D 单视图视觉处理程序中图像采集的方法。

## 【学前准备】

1. 提前把补正用坐标系设置好。
2. 提前熟悉 iRVision 界面。

## 【学习目标】

通过对相关视觉处理程序的认知学习，以小组为单位，完成实训任务，探究机器人2D单视图视觉处理程序的设置方法和作用，掌握图像采集设置流程。

## 【学习要求】

1. 服从实习安排，认真、积极、主动地完成规定的任务，保证任务学习的效果。

2. 认真学习，收集任务相关资料，将任务完成过程中所遇到的问题记录下来，并和老师、同学共同探讨。

3. 以小组为单位，每个小组4～6人，进行讨论交流，并提交分析报告，制作相应的PPT。

## 【任务学习】

2D单视图视觉处理程序主要适用于1次拍照能完全拍到工件全部轮廓的场合，通过1次拍照检测工件的二维位置而对机器人动作进行补正。2D单视图视觉处理程序分为创建视觉处理程序、采集图像、检测试验、设定基准位置4个步骤。

# 一、创建视觉处理程序

（1）在“示教和试验”界面中，点击“视觉类型”按钮，选择“视觉处理程序”选项，如图4-7所示。

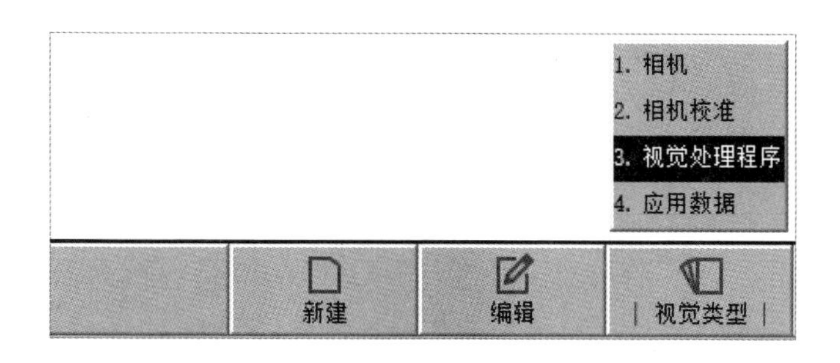


图4-7 选择“视觉处理程序”选项

（2）点击“新建”（CREATE）按钮，进入“创建新的视觉数据”界面，如图 4-8 所示。

创建新的视觉数据
类型: 2-D Single-View Vision Process
名称: test
注释:

图 4-8 “创建新的视觉数据”界面

在“类型”下拉列表中，选择“2-D Single-View Vision Process”（2D 单视图视觉处理）选项，在“名称”文本框中输入新建的视觉处理程序名称，点击“确定”按钮。

（3）新建程序名称如图 4-9 所示，双击视觉处理程序名称进入程序设置界面。程序设置界面如图 4-10 所示，在程序设置界面设置相关参数。

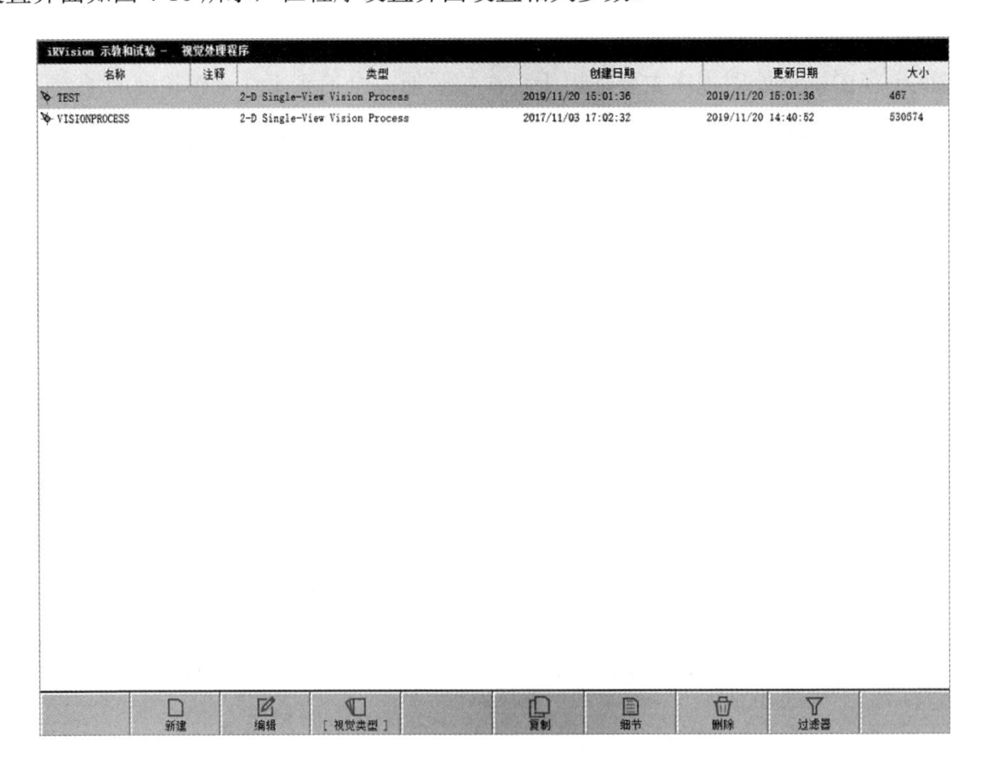


图 4-9 新建程序名称

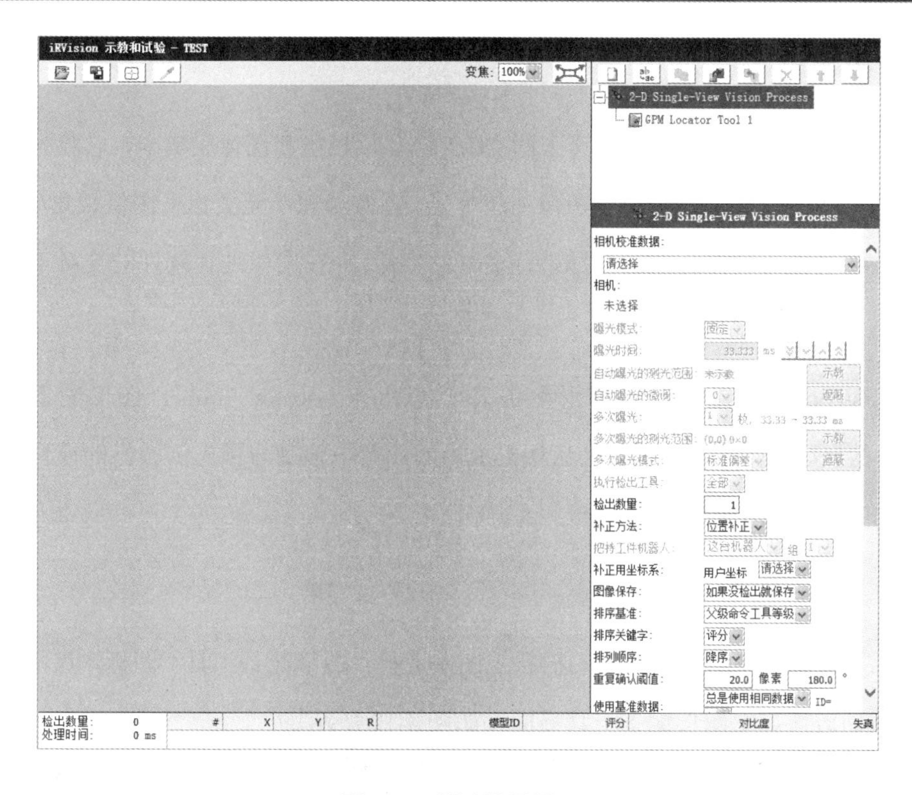

图 4-10 程序设置界面

（4）设置相关参数。在程序设置画面中，正确设置相关参数。参数设置依据如图 4-11 所示。

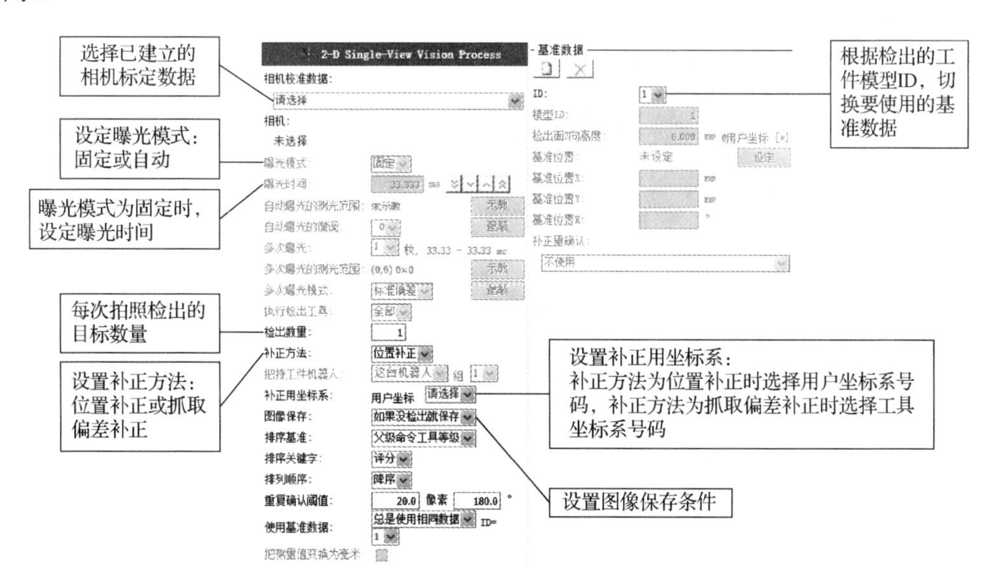


图 4-11 参数设置依据

## 二、采集图像

图像采集单元相当于普通意义上的CCD/CMOS相机和图像采集卡，它将光学图像转换为模拟/数字图像，并输出至图像处理单元。图像处理单元类似于图像采集/处理卡，它可以对图像采集单元的图像数据进行实时的存储，并在图像处理软件的支持下进行图像处理。

在iRVision软件中配备了图形配备工具（GPM Locator Tool）。图形配备工具是iRVision的核心图形处理工具，是从相机拍摄的图像中检测与预先示教好的模型图形相同的图形，并输出该图形位置的检测工具。

采集图像步骤如下。

（1）在视觉程序的编辑界面的树状视图中选择“图形配备工具”图标，点击“图像标签”按钮时，显示图形配备工具界面，如图4-12所示。

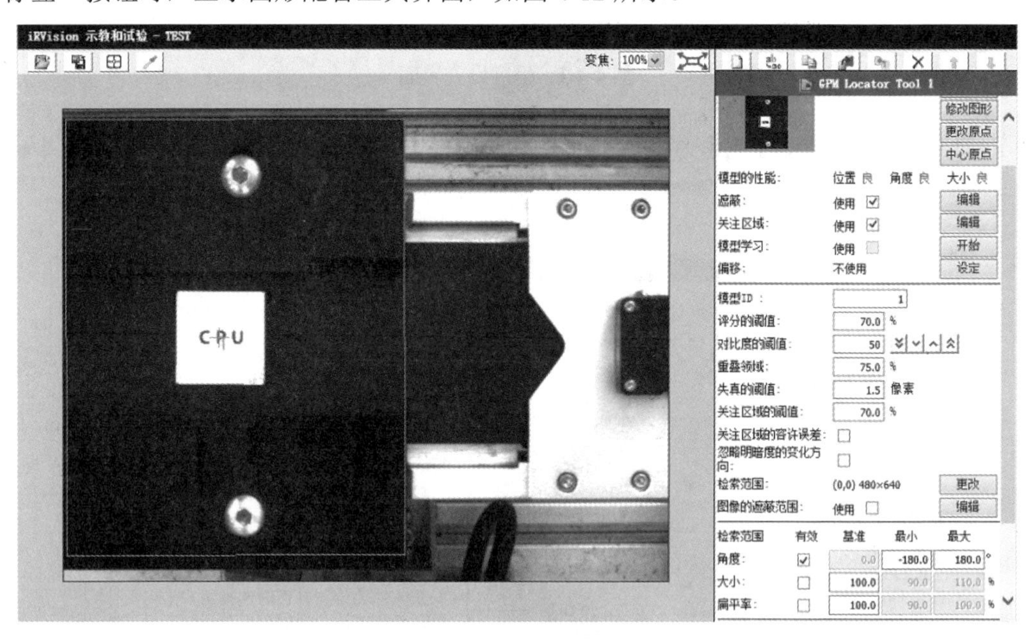


图4-12 图形配备工具界面

（2）将工件放置在相机视野中心，按F3键，拍摄工件的图像。拍照界面如图4-13所示。

图 4-13 拍照界面

（3）点击“模型示教”按钮，显示模型示教界面，如图 4-14 所示。

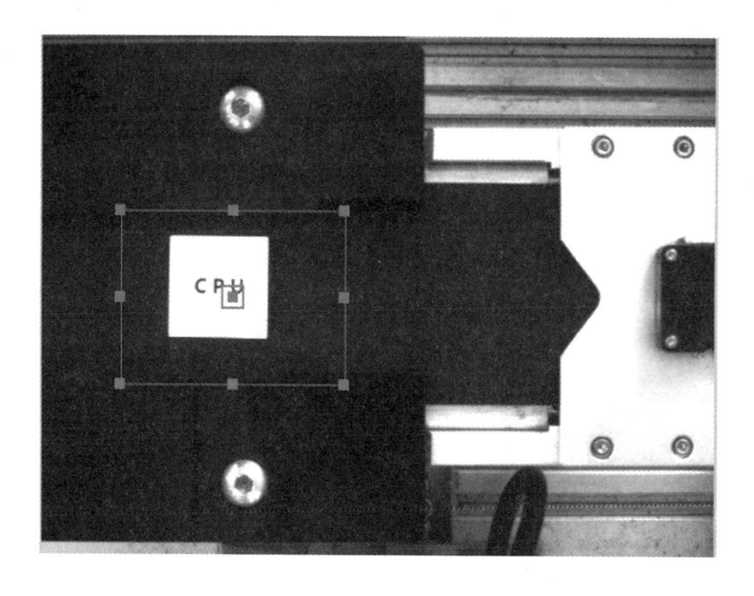

图 4-14 模型示教界面

根据需要，可以在模型图形中追加折线、长方形、圆形等图形。可以创建只有图形的模型图形，或者在利用图像进行了示教的模型图形中追加图形。在模型图形中追加图形或者编辑所追加的图形时，需点击“修改图形”按钮，进入修改图形界面，如图 4-15 所示。

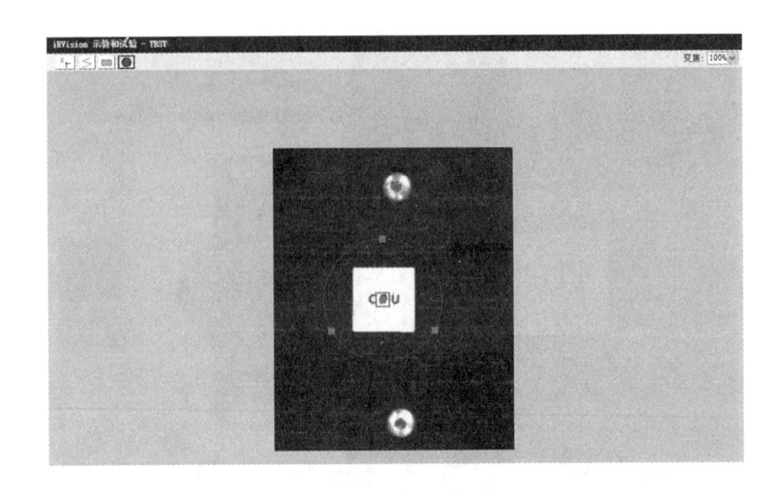

图 4-15 修改图形界面

在模型示教界面，系统会从位置、角度、大小三个方面评估模型的性能是否可用。其中，评估为“良”，表示图像可以稳定地进行检出；评估为“可”，表示虽然可以进行检出，但是不稳定；评估为“差”，表示无法检出。模型性能若评估为“良”或“可”，可以选择使用关注区域或者重新示教模型。模型性能若评估为“差”，请重新示教模型。模型评估界面如图 4-16 所示。

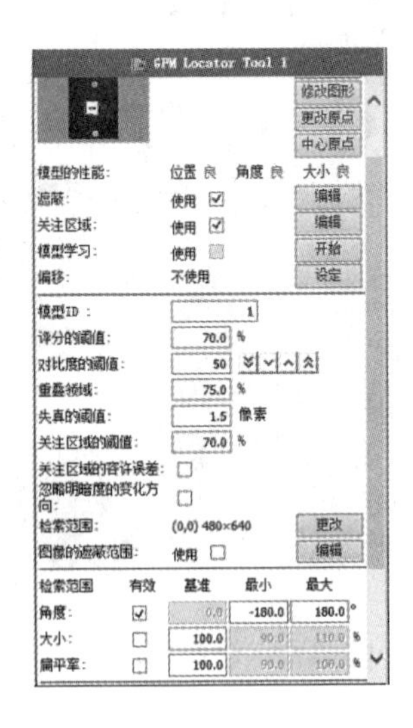


图 4-16 模型评估界面

（4）设置模型原点。模型原点是以数值来表示已检出的图形位置的代表点。在显示检出结果时，检出图形的位置坐标即是模型原点的位置，并会在该处显示“十”字。模型原点设置界面如图 4-17 所示。

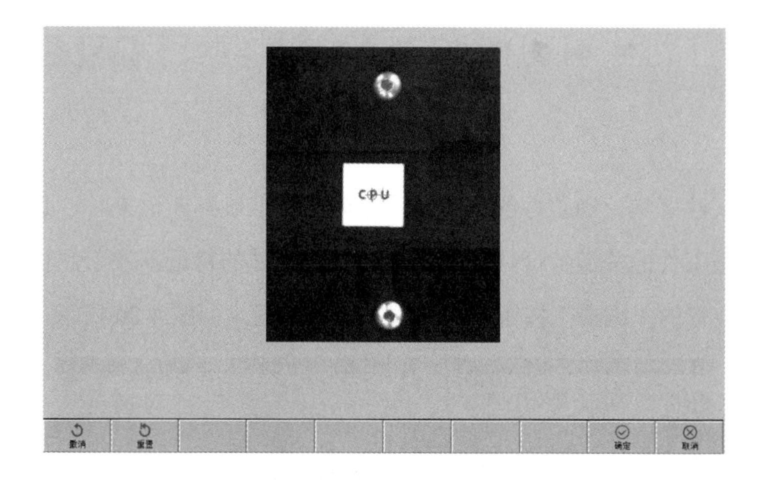


图 4-17　模型原点设置界面

在模型原点设置界面中点击“更改原点”按钮，可以手动设定模型的原点。若模型是对称的，可以点击“中心原点”按钮，将原点设定在模型的旋转中心上，完成设定后，按 F4 键确定。

（5）编辑遮蔽区域。如果模型上有任何不需要的特征或者任何在其他工件上找不到的特征或者污点，可以通过使用遮蔽区域将这些特征或者污点去掉。要在模型图形中设置遮蔽时，点击“遮蔽”行的“编辑”按钮，图像视图上模型图形会被放大显示，用蓝色涂抹希望设为关注区域的部分。编辑遮蔽区域界面如图 4-18 所示。

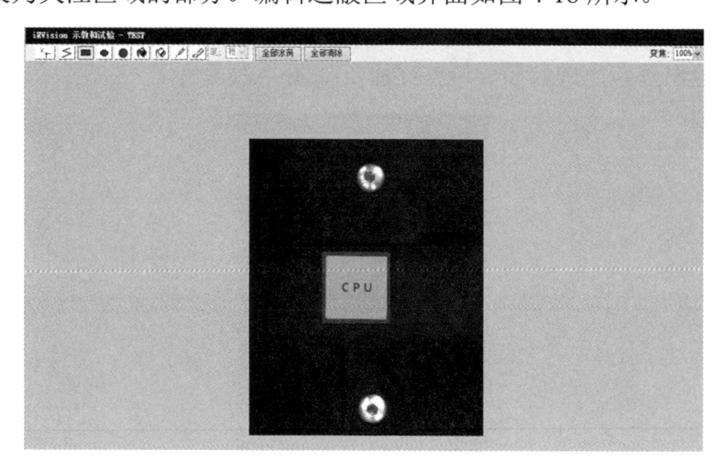


图 4-18　编辑遮蔽区域界面

在编辑遮蔽区域界面中，可以使用编辑工具，将不需要的特征涂成红色进行遮蔽，完成后点击“确定”按钮。编辑工具区域如图 4-19 所示。

图 4-19　编辑工具区域

（6）设置关注区域。当工件的位置或者方向不能准确判断出来时，必须设置关注区域。关注区域是工件的关键特征，若检测不到关注区域的特征，该工件将检出失败。点击“关注区域”行的“编辑”按钮，进入关注区域界面，如图 4-20 所示。

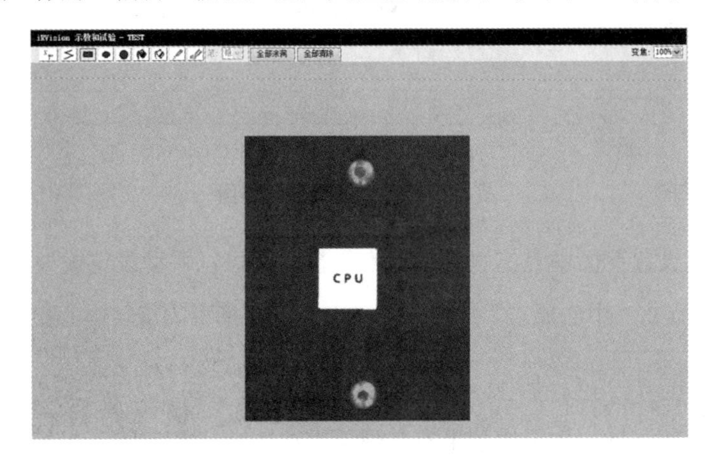


图 4-20　关注区域界面

在关注区域可以使用编辑工具进行关注，将关注区域的特征涂成蓝色，完成后点击“确定”按钮。

（7）调整检出参数，进入参数调整界面，如图 4-21 所示。

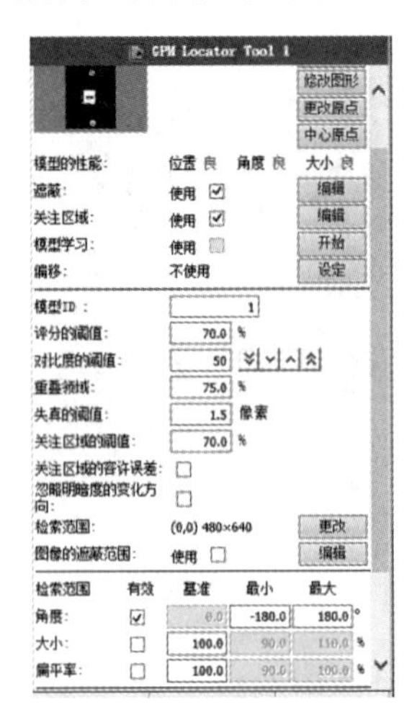


图 4-21　参数调整界面

模型 ID：如果有多个模型被示教，需要给每个模型设定一个唯一的 ID 号，以区分被检出的工件属于哪个模型。

评分的阈值：检出结果的正确度，满分是 100 分。分数大于或等于此值时，工件被成功检出；低于此值时，检出失败。设置范围为 10～100，默认值为 70，此分数设定越低，检测结果越不准确。

对比度的阈值：指定成为检出对象的对比度的阈值，标准值为 50。设定较小的值时，会检出看不太清楚的部分，但是处理需要耗费一定的时间。可以设定的最小值为 1。错误检出污点等对比度较低的部分时，请尝试增大此值。此外，将相比阈值对比度较弱的图像特征视为不存在。在“图像显示模式”中选择“图像＋图像的特征”选项时，可以确认基于现在的阈值抽取出的图像特征。

重叠领域：检出的对象物彼此之间的重叠比率大于这里指定的比率时，只留下评分高的，删除评分低的检出结果。重叠比率，通过模型的长方形外框的重叠面积来判断。

失真的阈值：通过像素值指定在多大程度上允许已被示教的模型与拍入图像的图形的形状的偏差（弯曲）。若指定较大的值，即使形状的偏差较大也可以进行检出。但是，越是指定较大的值，错误检出的可能性也就越大。

关注区域的阈值：不同于整个模型的评分的阈值，指只在关注区域以多大的评分进行检出的阈值。标准值为 70 分。

关注区域的容许误差：可以指定为即使关注区域的位置相对于整个模型的图形位置有 2～3 个像素的偏差也容许。

忽略明暗度的变化方向：可以指定为忽略已示教模型的明暗的方向而进行检出。

检索范围：指定进行检索的图像范围。范围越狭小，处理速度越快。标准值为整个图像。要变更检索范围，点击“更改”按钮即可。图像上显示长方形，按照与模型示教相同的要领进行调整。

图像的遮蔽范围：以任意的形状指定不希望在检索范围内进行处理的区域，在希望指定圆形窗口等任意形状的检索范围时使用。要变更图像的遮蔽范围，点击“编辑”按钮即可。

检索范围-角度：指定进行检索的角度的范围。将已示教的模型的角度设为0°，检索使模型在由最小、最大指定的范围内进行旋转的角度。最小、最大都可以指定±360°范围内的值。角度范围越狭小，处理速度越快。如果不勾选此项，不进行角度的搜索，只对由基准指定的角度进行搜索。标准设定下，角度的搜索有效，范围为-180°～180°。

检索范围-大小：指定进行检索的大小的范围。将已示教的模型大小设为100%，检索只按照由最小、最大指定的比率放大/缩小模型的大小。最小、最大都可以指定25%～400%范围内的值。大小的范围越狭小，处理速度越快。去掉复选框的勾选时，不进行大小的检索，只对由基准指定的大小进行检索。标准设定下，大小的检索无效。

检索范围-扁平率：指定进行检索的扁平率的范围。将已示教模型的扁平率设为100%，检索使模型只按照由最小、最大指定的比率沿任意方向扁平的扁平率。最小、最大都可以指定50%～100%范围内的值。扁平率的范围越狭小，处理速度越快。去掉复选框的勾选时，不进行扁平率的检索，只对由基准指定的扁平率进行检索。标准设定下，扁平率的检索无效。

## 三、检出试验

在图形配备工具界面下按F4键进行检测试验，确认是否按照期望的方式动作。检测试验界面如图4-22所示。

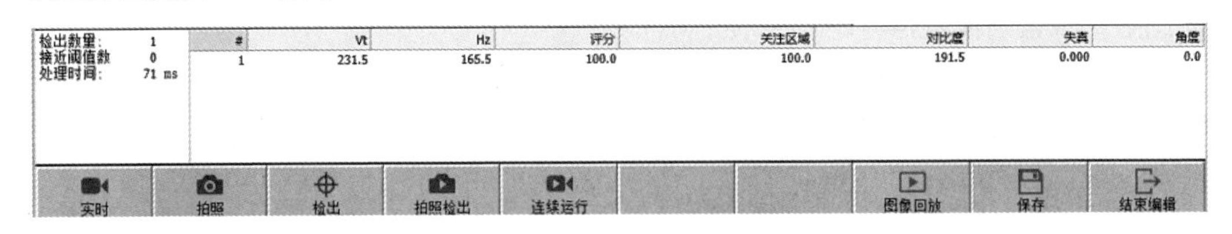


图4-22 检测试验界面

在结果显示区域，Vt、Hz中的数值是已检出的图形的模型原点的像素坐标值；评分是已检出图形的评分；关注区域是仅仅从关注区域看的评分，只有在勾选了关注区域时才会显示；对比度是已检出图形的对比度；失真是已检出图形与模型图形的失真；角度和大小是已检出图形的角度和大小，只有勾选了角度和大小才会在搜索时显示。

## 四、设定基准位置

通过设定的基准位置和检测位置的相对关系计算补正量。设定基准界面如图 4-23 所示，具体步骤如下。

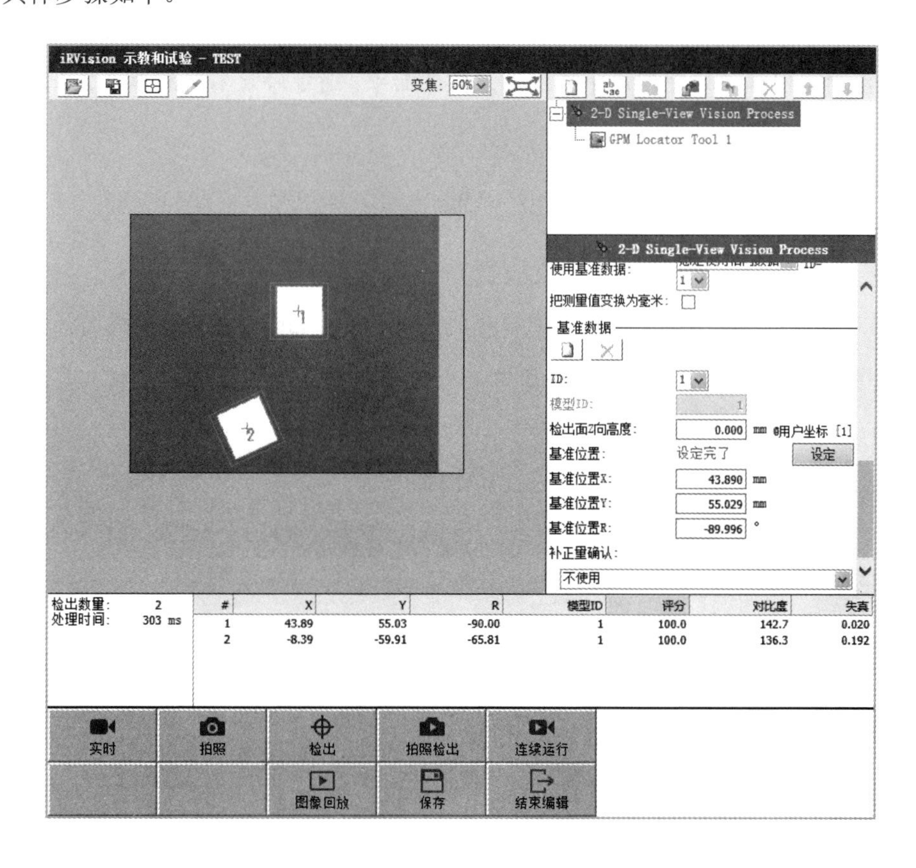


图 4-23 设定基准界面

步骤一：将设定基准位置的一个工件放置在相机视野内。

步骤二：按 F3 键拍照后，按 F4 键检测，检测工件。

步骤三：在设定基准界面点击“设定”按钮。

步骤四：确认基准位置已设定完了，基准位置的各个要素中已输入了正确的值。

【任务实施】

按以下要求操作，掌握2D单视图视觉处理程序设置方法。

任意选取一个物件，在实训设备上拍照并按照讲述的步骤进行2D单视图视觉处理程序设置。

【问题探究】

在2D单视图视觉处理程序中的图形采集界面中，通过修改不同的参数，验证不同的结果。

【任务小结】

本项目通过对2D单视图视觉处理程序的学习，要求能够设置2D单视图视觉处理程序，并清楚界面中各个参数的含义和作用。

## 任务三　2D多视图视觉处理程序

【任务描述】

创建2D多视图视觉处理程序，掌握2D多视图视觉处理程序中图像采集的方法。

【学前准备】

1. 提前把补正用坐标系设置好。
2. 提前熟悉iRVision界面。

【学习目标】

以小组为单位，通过对相关视觉处理程序的学习，完成实训任务，探究机器人多视觉处理程序的设置方法和作用，掌握图像采集设置流程。

## 【学习要求】

1. 服从实习安排，认真、积极、主动地完成规定的任务，保证任务学习的效果。

2. 认真学习，收集任务相关资料，将任务完成过程中所遇到的问题记录下来，并和老师、同学共同探讨。

3. 以小组为单位，每个小组 4～6 人，进行讨论交流，并提交分析报告，制作相应的 PPT。

## 【任务学习】

通过对同一个工件不同部位进行多次拍照获取工件上多点的位置信息，综合计算出工件位置。适用于一次拍照不能拍到全部所需轮廓的大工件。2D 多视图视觉处理方式如图 4-24 所示。

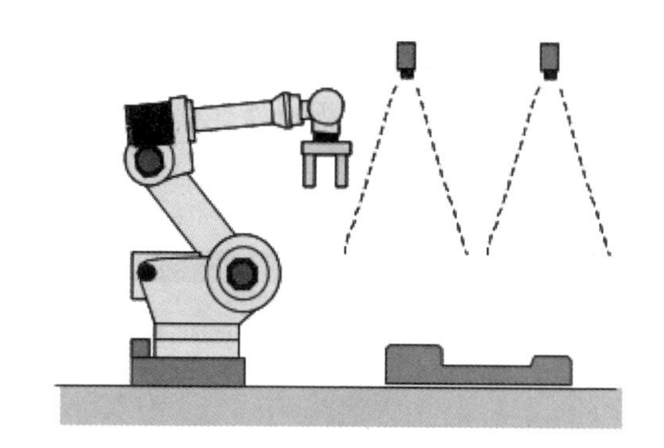

图 4-24 2D 多视图视觉处理方式

在 2D 多视图视觉处理程序中，“相机视图”（Camera View）这一工具被配置在视觉处理程序之中。一个相机视图相当于一个测量部位。相机视图数在标准情况下为 2 个，但是最多可以增加到 4 个。

## 一、创建视觉处理程序

（1）在“示教和试验”界面中，点击“视觉类型”按钮，选择“视觉处理程序”选项，如图 4-25 所示。

图 4-25　选择“视觉处理程序”选项

（2）点击“新建”按钮，进入“创建新的视觉数据”界面，如图 4-26 所示。

创建新的视觉数据
类型:　2-D Multi-View Vision Process
名称:
注释:

图 4-26　“创建新的视觉数据”界面

在“类型”下拉列表中，选择“2-D Multi-View Vision Process”（2D 多视图视觉处理）选项，在“名称”文本框中输入新建的视觉处理程序名称，点击“确定”按钮。

（3）新建程序名称如图 4-27 所示。双击视觉处理程序名称进入程序设置界面。程序设置界面如图 4-28 所示。

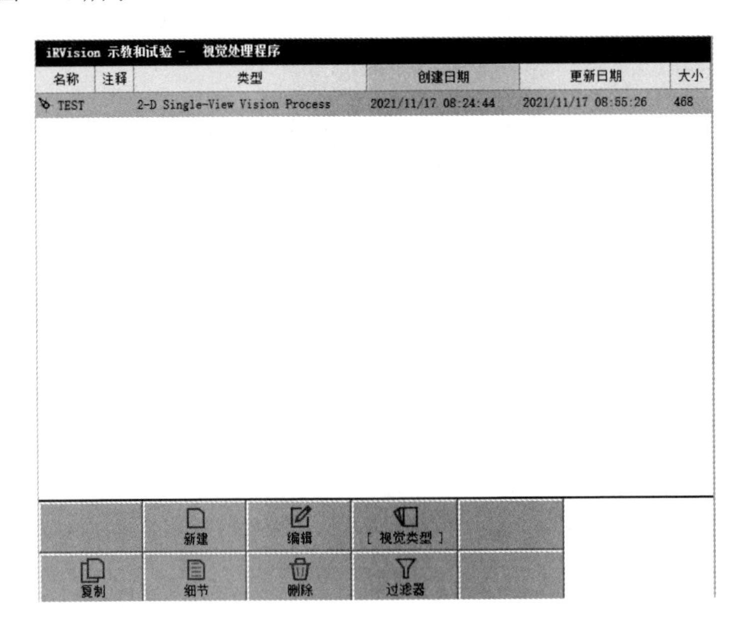


图 4-27　新建程序名称

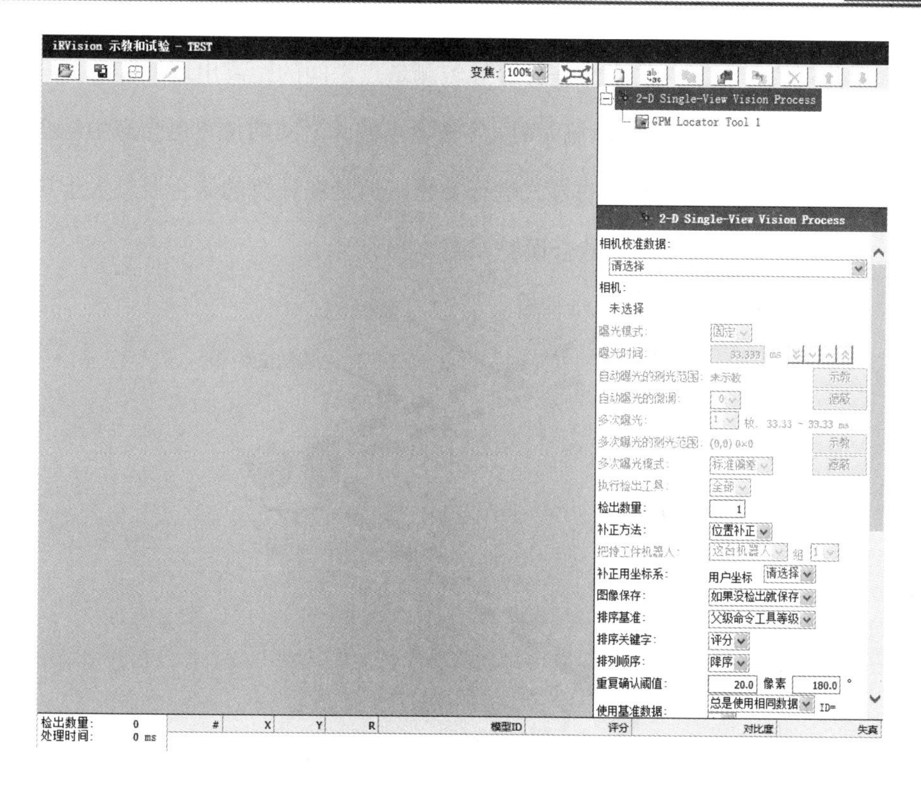


图 4-28 程序设置界面

（4）设置相关参数。在程序设置界面中，正确设置相关参数，设置依据如图 4-29 所示。

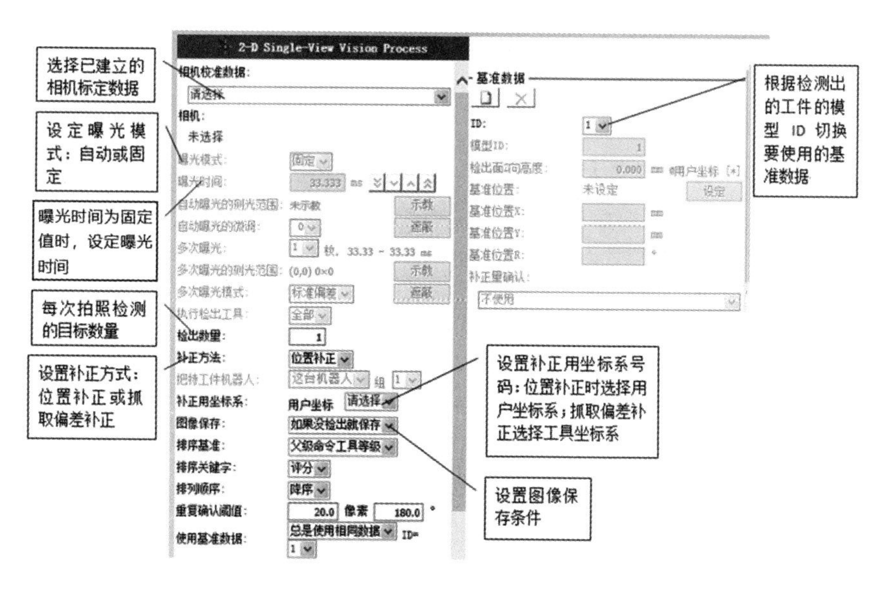


图 4-29 参数设置依据

结合误差阈值：在工件的个体差异等导致测量点之间的距离出现偏差时，即使工件没有位置偏差，在执行基准和实际测量时，各测量点彼此之间的位置也会产生结合误差。视觉处理程序以结合误差为最小的方式进行补正，但是在计算的结合误差大于这里指定的值时，会提示为未检出工件。结合误差如图 4-30 所示。

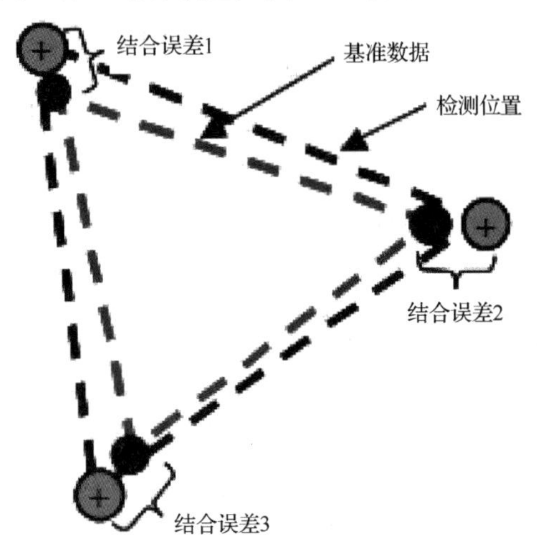


图 4-30 结合误差

检测点间的最短距离：这是测量点间允许的最短距离。测量点间的距离小于这里指定的距离时，会发出报警。这是在多个相机视图中错误地检测同一部位时，用于预防对机器人进行不适当补正的设定项目，通常情况下无须进行变更。

图像保存：指定在执行程序时是否保存履历图像。在 iRVision 系统设定界面中设为不留下执行履历时，履历图像不会被保存起来。

补正量确认：指定用来确认计算出的补正量是否收敛在规定范围内的条件。标准情况下已被设为不使用，不进行补正量的确认。

## 二、示教相机视图

在程序设置界面的树状视图中选择“Camera View 1”（相机视图 1）选项，显示相机视图界面，如图 4-31 所示。

**图 4-31 相机视图界面**

相机校准数据：选择将要使用的相机校准。

相机：显示由所选相机校准指定的相机名称。

曝光时间的设定：设定执行时要使用的相机曝光时间。

检出模式：从下拉列表中选择创建多个检出工具时的工具的执行方法。

最高分：执行所有的检出工具，选择最好的结果。在进行种类判别时和相比处理时间更加优先检测的可靠性时有效。

最先检出：从树状视图上位于上面的检出工具按照顺序执行，输出被最初检出的结果。在检出工件的时刻停止检出而不会执行后面的检出工具，因而在优先处理时间内有效。

检出面 Z 向高度：输入用于补正的从坐标系看到的进行检出的工件表面的高度。

基准位置 X,Y：显示已被设定的基准位置的坐标。这是用于指定的补正坐标系中的坐标。

## 三、检出试验

按 F4 键进行检出试验，确认是否按照期望的方式动作。检出试验有试验整个视觉程序的方法和个别试验相机视图的方法。在利用固定相机进行位置补正时，一次性对整个视觉程序进行试验较为简单。固定于机器人的相机进行抓取偏差补正时，由于相机视图 1 和相机视图 2 中机器人的位置不同，需要针对每个相机视图进行试验。检出试验界面如图 4-32 所示。

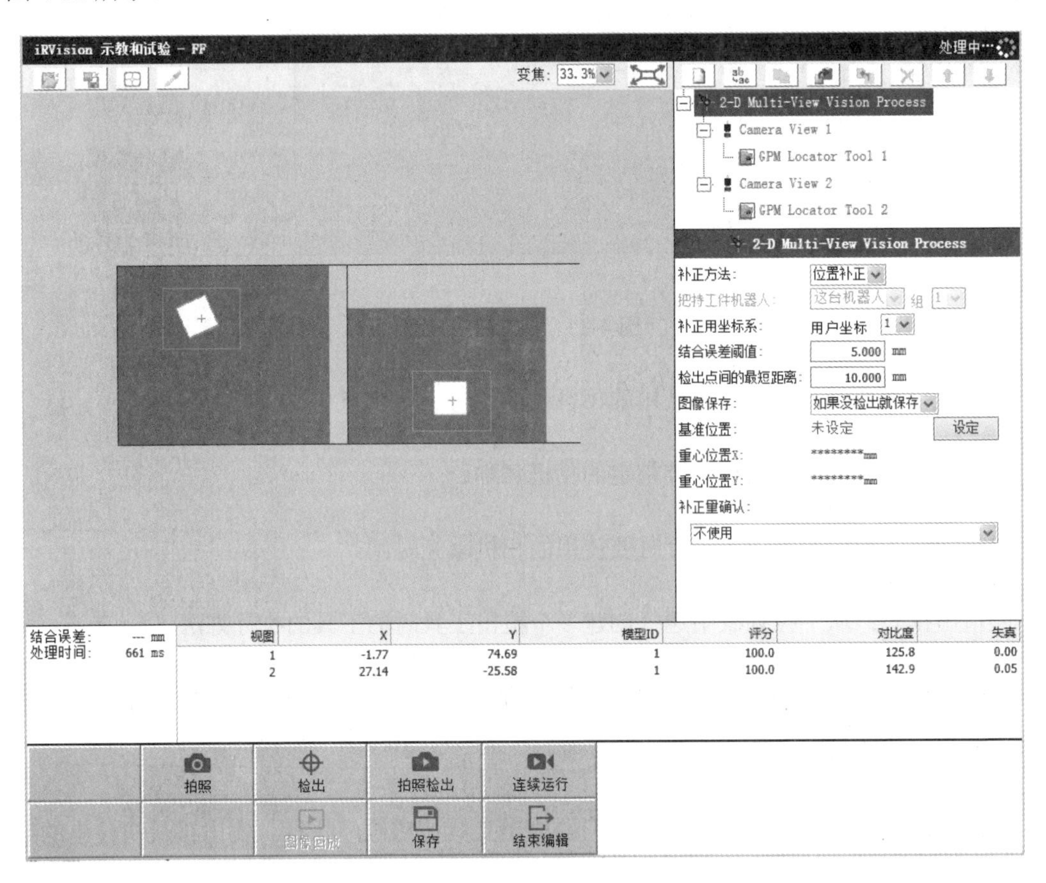


图 4-32 检出试验界面

结合误差：这是设定基准位置时的检测点和进行试验时的检测点的结合误差（单位：mm）。若工件无个体差异，且无检测误差，结合误差几乎为零。

处理时间：以毫秒为单位显示处理所需的时间。

检出结果表：X 和 Y 是检出的工件的模型原点的、用于补正的坐标系中的坐标值（单位：mm)；模型 ID 是检出的工件的模型 ID；评分是指检出的工件的评分；对比度是指检出的工件的对比度；失真是指检出的工件的变形（单位：像素）。

## 四、设定基准位置

设定基准位置，通过设定的基准位置和检测位置的相对关系计算补正量。设定基准界面如图 4-33 所示，设定步骤如下。

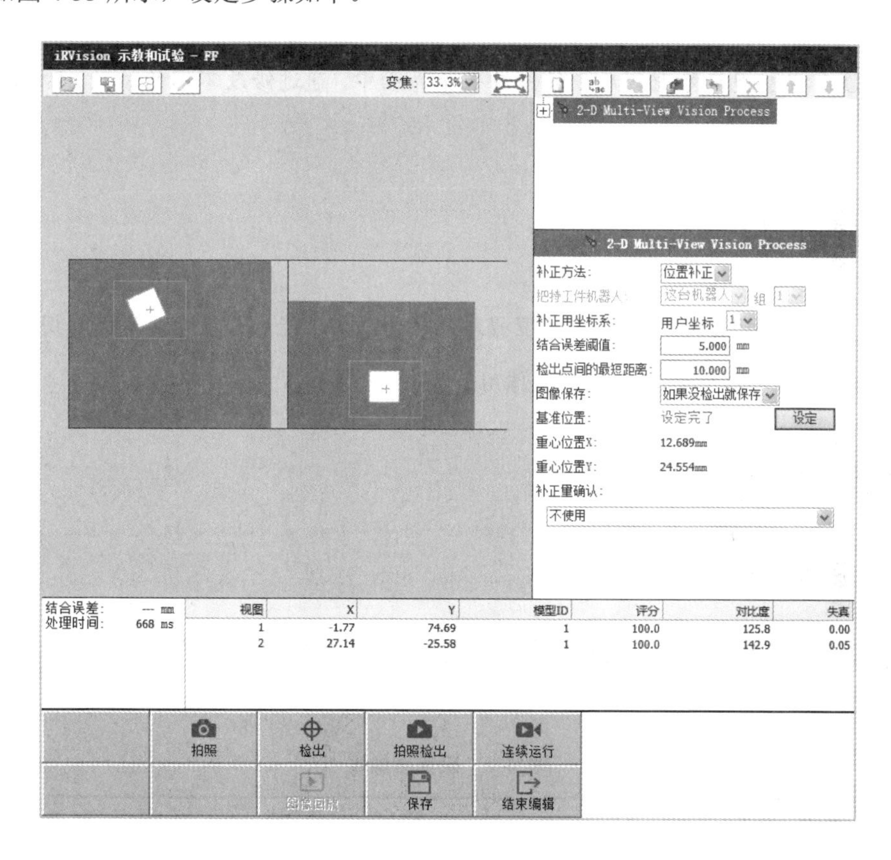


图 4-33 设定基准界面

步骤一：将设定基准位置的一个工件放置在相机视野内。

步骤二：按 F3 键拍照后，按 F4 键检测工件。

步骤三：在设定基准界面点击“设定”按钮。

步骤四：确认基准位置已设定完了，基准位置的各个要素中已输入正确的值。

## 【任务实施】

按以下要求操作，掌握2D多视图视觉处理程序设置方法。

任意选取一个物件，在实训设备上拍照并按照讲述的步骤进行2D多视图视觉处理程序设置。

## 【问题探究】

在2D多视图视觉处理程序中的图像采集界面中，通过修改不同的参数，验证不同的结果。

## 【任务小结】

本项目通过对2D多视图视觉处理程序的学习，要求能够设置2D多视图视觉处理程序，并清楚界面中各个参数的含义和作用。

## 【拓展训练】

### 1. 采集图像

查找现场实验设备，在采集图像模块中正确设置参数，填写表4-2所示的采集图像表。

**表4-2 采集图像表**

| 设置内容 | 功　能 | 设置数据 |
| --- | --- | --- |
| 模型ID | | |
| 评分阈值 | | |
| 对比度的阈值 | | |
| 重叠领域 | | |
| 失真的阈值 | | |
| 关注区域的阈值 | | |

### 2. 设定基准位置

查找现场实验设备，在设定基准位置模块中正确设置参数，填写在表4-3所示的设定基准表中。

表 4-3 设定基准表

| 设置内容 | 功能 | 设置数据 |
|---|---|---|
| 基准位置 X | | |
| 基准位置 Y | | |
| 基准位置 R | | |

## 3. 检出

查找现场实验设备，把检测数据填写在表 4-4 所示的检出试验表中。

表 4-4 检出试验表

| 提取要素 | 功能 | 数据 |
|---|---|---|
| | | |
| | | |
| | | |
| | | |
| | | |

# 项 目 五

## 机器人视觉程序

## 项目教学导航

| | | |
|---|---|---|
| 教 | 教学目标 | 1. 了解 FANUC iRVision 的视觉补正程序<br>2. 掌握用 TP 对视觉寄存器进行设置和读取<br>3. 掌握用 TP 对各类视觉程序进行编写和运行 |
| | 知识重点 | 1. 机器人单视觉补正和多视觉补正的设置<br>2. 机器人视觉程序的编写和调试 |
| | 知识难点 | 1. 机器人多视觉补正的设置<br>2. 机器人视觉程序指令 |
| | 推荐教学方法 | 步骤讲解与实际操作相结合 |
| | 建议学时 | 6 学时 |
| 学 | 学习目标 | 1. 掌握 FANUC iRVision 的视觉程序<br>2. 掌握视觉寄存器的设置和读取<br>3. 掌握视觉程序的编写和运行 |
| 做 | 实训任务 | 1. 熟悉视觉程序指令<br>2. 视觉程序案例 |

## 项目引入

**问**：设置完视觉处理程序，是不是就可以进行视觉补正了？

**答**：不是的，还有关键的步骤要处理——视觉寄存器。

**问**：怎么使用视觉寄存器？

**答**：不着急哟，本项目将分为熟悉视觉程序指令和视觉程序案例 2 个任务，带领大家学习机器人视觉程序。

## 知识图谱

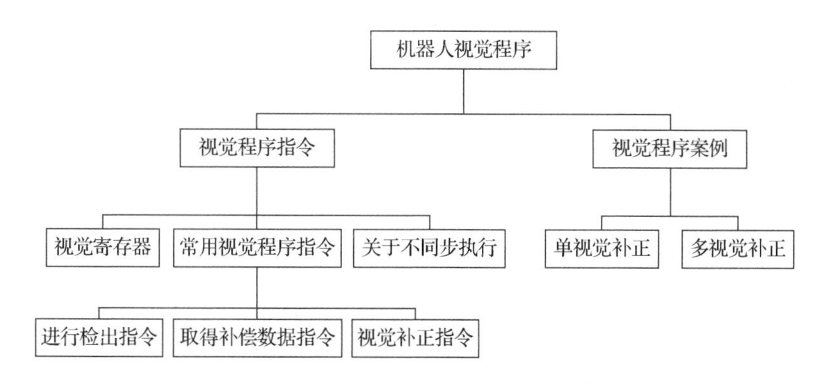

本项目以 FANUC 机器人 iRVision 视觉为例，介绍视觉寄存器的使用方法、视觉补正和读取数据指令的使用及各补正案例。通过本项目的学习可以掌握如何使用视觉寄存器和视觉程序指令，了解不同步执行、单视觉补正和多视觉补正。

## 任务一 熟悉视觉程序指令

### 【任务描述】

了解视觉寄存器数据的组成和各数据的具体含义，能够掌握和使用常用视觉程序指令和对不同步执行概念的理解，以及使用 TP 对所述内容进行设置、编程。

### 【学前准备】

1. 查阅资料了解视觉寄存器在程序中的作用。
2. 查阅资料了解寄存器中每一个数据的含义及在程序中的用途。
3. 了解什么叫作不同步执行和不同步执行的用处。
4. 了解视觉指令的使用方法和不同指令间的组合使用。

### 【学习目标】

以小组为单位，通过对视觉寄存器的数据写入、读取和对视觉程序指令、运用设定等基础知识的学习，完成实训任务，探究机器人视觉系统的组成和各种不同选项间的特点。

### 【学习要求】

1. 服从实习安排，认真、积极、主动地完成理解视觉相关指令等任务，保证任务学习的效果。

2. 认真学习，收集任务相关资料，将任务完成过程中所遇到的问题记录下来，并与老师、同学共同探讨。

3. 以小组为单位，每个小组 4～6 人，进行讨论交流，并提交分析报告，制作相应的 PPT。

【任务学习】

能够写入和读取视觉寄存器的数据，使用 TP 进行常用视觉程序的编程，对不同步执行的概念进行理解。

## 一、认识视觉寄存器界面

视觉寄存器用来存储各种视觉数据，进入该界面的步骤如下。

（1）按 DATA（数据）键，进入数值寄存器界面，如图 5-1 所示。

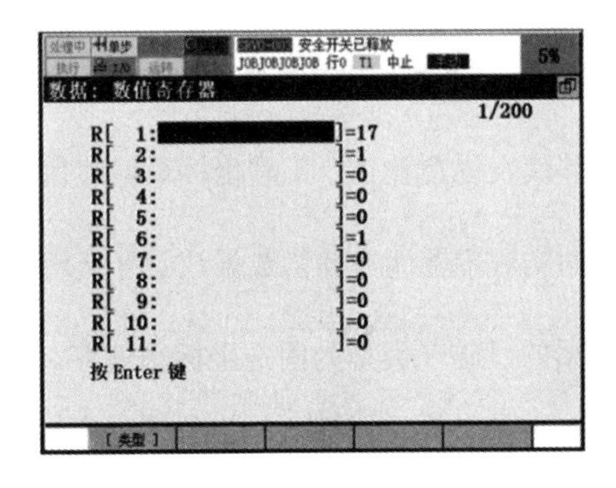


**图 5-1 数值寄存器界面**

（2）按 F1 键，选择“视觉寄存器”选项，进入视觉寄存器界面，如图 5-2 所示。

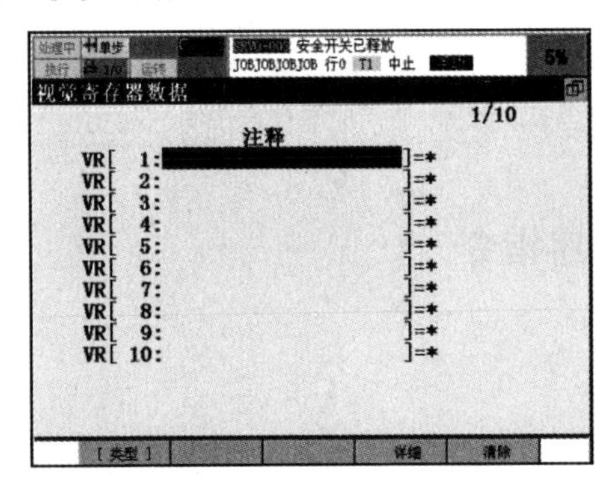


**图 5-2 视觉寄存器界面**

*：代表无数据记录，若是 R 则表示已有数据记录。

注释：按 Enter 键可添加注释。

清除：同时按 Shift＋F5 键，可以清除记录的数。

（3）按 F4 键进入视觉寄存器详细界面，如图 5-3 所示。

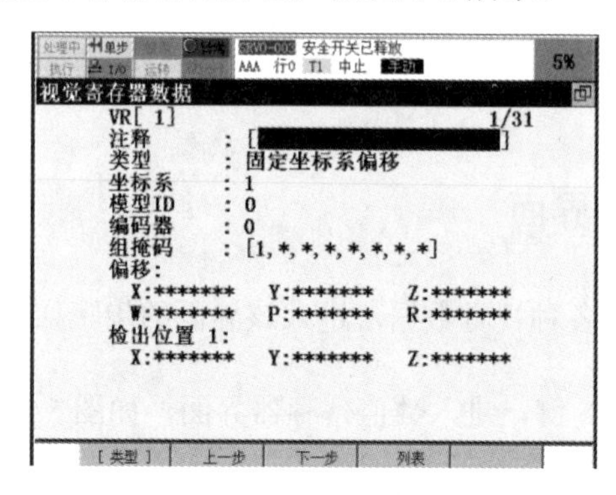


图 5-3　视觉寄存器详细界面

类型：固定坐标系偏移代表位置补正；工具坐标系偏移代表抓取偏差补正。

检出位置：这是检出的实测位置而非补偿数据，储存从用户坐标系看到的位置。

坐标系：补正用坐标系的号码（类型为固定坐标系偏移，检出位置时坐标系号码选择用户坐标系号码；类型为工具坐标系偏移，检出位置时坐标系号码选择工具坐标系号码）。

模型 ID：检出模型的 ID 号。

偏移：补正数据。

注意：视觉寄存器内部包含多块数据，使用时需配合不同的视觉程序实现所需数据的写入和读取。

## 二、认识常用视觉程序指令

### 1. 进行检出指令

VISION RUN_FIND（进行检出指令）：启动视觉程序进行拍照。进行检出指令格式如图 5-4。

图 5-4 进行检出指令格式

VISION RUN_FIND '...'：此处可以选择创建好的视觉程序名称。

CAMERA_VIEW[...]：如果视觉程序包含多个相机视图，可以添加附加相机视图指令。

## 2. 取得补偿数据指令

VISION GET_OFFSET（取得补偿数据指令）：从视觉程序中读取检出的结果，将其存储到指定的视觉寄存器中。视觉程序检出多个工件时，会反复执行该指令。如果没有检出结果，就会跳转至标签 LBL。取得补偿数据指令格式如图 5-5 所示。

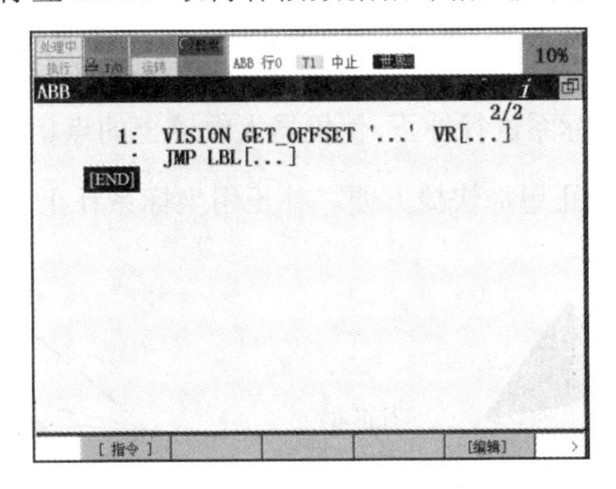


图 5-5 取得补偿数据指令格式

VISION GET_OFFSE '...' VR[...]：选择创建好的视觉程序，需要存储的视觉寄存器号。

JMP LBL[...]：跳转标签号。

## 3. 视觉补正指令

VOFFSET（视觉补正指令）：视觉补正指令是附加在机器人运动指令后的附加指令，

能够对示教位置进行数据补正，使机器人运行到工件的实际位置上。视觉补正指令格式如图 5-6 所示。

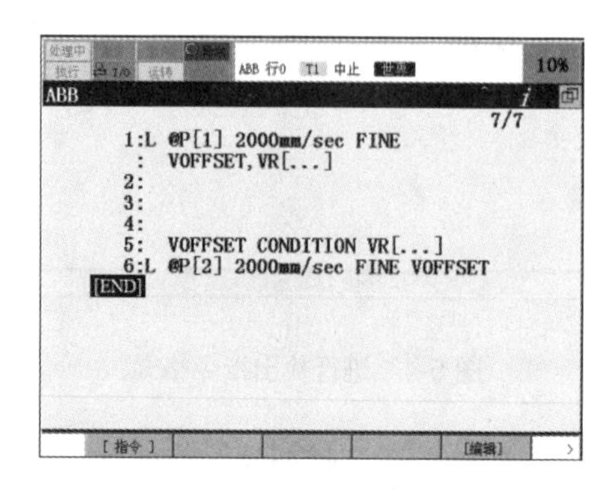


图 5-6 视觉补正指令格式

VOFFSET,VR[...]（表达形式一）：直接视觉补正括号中选择存储数据的寄存器。

VOFFSET CONDITION VR[...]（表达形式二）：间接视觉补正括号中选择存储数据的寄存器。

注意：视觉补正指令不需要考虑当前用户坐标系和工具坐标系与程序使用的用户坐标系和工具坐标系是哪一个，因此使用任意坐标系，都会按照 iRVision 计算补偿数据的坐标系进行补正。

iRVision 将补正用坐标系进行补正，使机器人轨迹上的点相对于补正用坐标系的位置始终不变，相对于其他补正更加快捷方便。补正用坐标系补正示意图如图 5-7 所示。

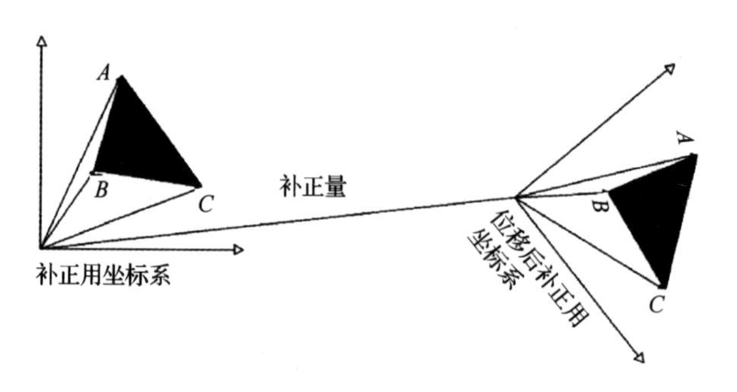


图 5-7 补正用坐标系补正示意图

## 三、关于不同步执行

iRVision 能够存储最新的 5 个视觉检出结果，因此可以不同步执行进行检测命令和取得补偿数据命令。

以下列程序为例，使用安装在机器人上的相机连续进行 2 处测量，取得 2 次结果后进行机器人动作的补正。

```
[1]: UFRAME_NUM=2
[2]: UTOOL_NUM=2
[3]: LP[1] 1000mm/sec FINE
[4]: VISION RUN_FIND P1                          //启动视觉程序 P1，拍照检出
[5]: LP[2] 1000mm/sec FINE
[6]: VISION RUN_FIND P2                          //启动视觉程序 P2，拍照检出
[7]: VISION GET_OFFSET P1 VR[1] JMP,LBL[1]
//将 P1 的检出结果存入 VR[1]中，若检出失败，跳转到 LBL[1]
[8]: HAND_OPEN                                   //抓取
[9]: LP[3] 1000mm/sec FINE VOFFSET,VR[1]         //运行到接近点
[10]: LP[4] 1000mm/sec FINE VOFFSET,VR[1]        //运行到抓取点
[11]: HAND_CLOSE                                 //放下
[12]: LP[3] 1000mm/sec FINE VOFFSET,VR[1]        //运行到接近点
[13]: VISION GET_OFFSET P2 VR[1] JMP,LBL[1]
//将 P2 的检出结果存入 VR[1]中，若检出失败，跳转到 LBL[1]
[14]: HANDOPEN                                   //打开夹爪
[15]: LP[5] 1000mm/sec FINE VOFFSET,VR[1]        //运行到接近点
[16]: LP[6] 1000mm/sec FINE VOFFSET,VR[1]        //运行到抓取点
[17]: HANDCLOSE                                  //关闭夹爪抓取工件
[18]: LP[5] 1000mm/sec FINE VOFFSET,VR[1]        //退回到接近点
[19]: LBL[1]
[20]: UALM[1]
End
```

## 【任务实施】

根据表 5-1 了解视觉寄存器及视觉指令。

表 5-1　了解视觉寄存器及视觉指令

| 序　号 | 任务名称 | 实施要点 | 评价模式 |
|---|---|---|---|
| 1 | 了解视觉寄存器 | 了解视觉寄存器的各个数据的作用 | 过程评价 |
| 2 | 熟悉视觉指令 | VISION RUN_FIND（进行检出指令）、VISION GET_OFFSET（取得补偿数据指令）、VOFFSET（视觉补正指令），熟悉各条指令的作用 | 过程评价 |
| 3 | 运用视觉指令 | 知道如何运用视觉指令，并在示教器上建立相关指令程序，并运行 | 过程评价 |

## 【问题探究】

最多可以用几个 VR 存储器?

## 【任务小结】

本任务通过认识视觉寄存器界面、熟悉常用视觉程序指令、关于不同步执行的学习，要求了解视觉程序指令，并能分析用视觉指令编写的小程序。

## 【拓展训练】

物体放在相机下面，要求利用相机拍出它的位置并进行补正，使机器人能准确抓到其中心位置。

# 任务二 视觉程序案例

## 【任务描述】

了解并掌握单视觉补正和多视觉补正程序的编写。

## 【学前准备】

1. 查阅资料了解什么是单视觉补正和多视觉补正，并了解它们的适用场合。
2. 了解手持相机和固定相机补正间的区别。

## 【学习目标】

通过对单视觉补正和多视觉补正程序案例的编程和学习，以小组为单位，完成实训任务，探究机器人视觉系统的组成和不同选项间的特点。

## 【学习要求】

1. 服从实习安排，认真、积极、主动地完成调试视觉程序案例等任务，保证任务学习的效果。

2. 认真学习，收集任务相关资料，将任务完成过程中所遇到的问题记录下来，并与老师、同学共同探讨。

3. 以小组为单位，每个小组 4～6 人，进行讨论交流，并提交分析报告，制作相应的 PPT。

## 【任务学习】

能够熟练掌握单视觉和多视觉补正，以及充分了解它们的应用场合。

# 一、单视觉补正

### 1. 使用固定相机进行单视觉位置补正

```
[1]: UFRAME_NUM=2
[2]: UTOOL_NUM=2
[3]: LP[1]2000mm/sec FINE
[4]: VISION RUN_FIND 'P1'                    //启动视觉程序 P1，进行拍照
[5]: VISION GET_OFFSET 'P1'VR[1] JMP LBL[1]
//取得检出结果存入 VR[1],若检出失败跳转至 LBL[1]
[6]: LP[2] 2000mm/sec CNT100   VOFFSET,VR[1]   Tool_Offset,PR[1]
//运行到接近点
[7]: LP[2] 500mm/sec FINE VOFFSET,VR[1]     //运行到取件点
[8]: HAND_CLOSE                              //抓取
[9]: LP[2] 2000mm/sec CNT100   VOFFSET,VR[1]   Tool_Offset,PR[1]
//运行到回退点
[1]0: LP[3] 500mm/sec CNT100
[11]: LP[4] 500mm/sec FINE
[12]: HAND_OPEN                              //放下
[13]: LP[3] 500mm/sec CNT100
[14]: LP[1] 500mm/sec FINE
[15]: END
[16]: LBL[1]
```

```
[17]: UALM[1]                                   //检出失败，报警
END
```

## 2. 使用手持相机进行单视觉位置补正

```
[1]: UFRAME_NUM=2
[2]: UTOOL_NUM=2
[3]: LP[1]2000mm/sec FINE                       //运行到拍照位置
[4]: WAIT 0.5sec                                //等待机器人稳定停止
[5]: VISION RUN_FIND 'P1'                       //启动视觉程序 P1，进行拍照检出
[6]: VISION GET_OFFSET 'P1'VR[1] JMP LBL[1]
//取得检出结果存入 VR[1]，若检出失败，跳转至 LBL[1]
[7]: LP[2]2000mm/sec CNT 100  VOFFSET,VR[1]  Tool_Offset,PR[1]
//运行到接近点
[8]: LP[2]500mm/sec FINE VOFFSET,VR[1]          //运行到取件点
[9]: HAND_CLOSE                                 //抓取
[10]: LP[2]2000mm/sec CNT 100  VOFFSET,VR[1]  Tool_Offset,PR[1]
//运行到回退点
[11]: LP[3]500mm/sec CNT100
[12]: LP[4]500mm/sec FINE
[13]: HAND_OPEN                                 //放下
[14]: LP[3]500mm/sec CNT100
[15]: LP[1]500mm/sec FINE
[16]: END
[17]: LBL[1]
[18]:UALM[1]                                    //检出失败，报警
END
```

## 3. 使用固定相机进行抓取偏差补正

```
[1]: UFRAME_NUM=2
[2]: UTOOL_NUM=2
[3]: LP[1]2000mm/sec FINE                       //运行到拍照位置
[4]: WAIT 0.5sec  //等待机器人稳定停止
[5]: VISION RUN_FIND 'P1'                       //启动视觉程序 P1，进行拍照检出
[6]: VISION GET_OFFSET 'P1'  VR[1] JMP LBL[1]
//取得检出结果存入 VR[1]，若检出失败，跳转至 LBL[1]
[7]: LP[2]2000mm/sec CNT100  VOFFSET,VR[1]  Tool_Offset,PR[1]
//运行到接近点
[8]: LP[2]500mm/sec FINE  VOFFSET,VR[1]         //运行到取件点
[9]: HAND_CLOSE                                 //抓取
[10]: LP[2]2000mm/sec CNT100 VOFFSET,VR[1] Tool_Offset,PR[1]
//运行到回退点
```

```
[11]: LP[3]500mm/sec CNT100
[12]: LP[4]500mm/sec FINE
[13]: HAND_OPEN                    //放下
[14]: LP[3]500mm/sec CNT100
[15]: LP[1]500mm/sec FINE
[16]: END
[17]: LBL[1]
[18]:UALM[1]                       //检出失败，报警
END
```

### 4. 利用手持相机进行多种不同工件的处理

```
[1]: UFRAME_NUM=2
[2]: UTOOL_NUM=2
[3]: LP[1]2000mm/sec FINE          //运行到拍照位置
[4]: WAIT 0.5sec                   //等待机器人稳定停止
[5]: VISION RUN_FIND 'P1'          //启动视觉程序 P1，进行拍照检出
[6]: VISION GET_OFFSET 'P1'  VR[1] JMP LBL[1]
//取得检出结果存入 VR[1]，若检出失败，跳转至 LBL[1]
[7]: R[1]=VR[1].MODELID            //将检出工件的模型 ID 号存入 R[1]
[8]: IF R[1]=1,CALL A1             //如果检出工件的 ID 号为 1，调用子程序 A1 进行处理
[9]: IF R[1]=2,CALL A2             //如果检出工件的 ID 号为 2，调用子程序 A2 进行处理
[10]: IF R[1]=3,CALL A3            //如果检出工件的 ID 号为 3，调用子程序 A3 进行处理
[11]: END
[12]: LBL[1]
[13]: UALM[1]                      //检出失败，报警
END
```

## 二、多视觉补正

### 1. 使用多台固定相机进行视觉位置补正

```
[1]: UFRAME_NUM=2
[2]: UTOOL_NUM=2
[3]: LP[1]2000mm/sec FINE
[4]: VISION RUN_FIND 'P1'                        //启动视觉程序 P1,进行拍照检出
[5]: VISION GET_OFFSET 'P1' VR[1] JMP LBL[1]
//取得检出结果存入 VR[1]，若检出失败，跳转至 LBL[1]
[6]: LP[2]2000mm/sec CNT100  VOFFSET,VR[1]  Tool_Offset,PR[1]
//运行到接近点
[7]: LP[2]500mm/sec FINE  VOFFSET,VR[1]      //运行到取件点
[8]: HAND_CLOSE                                 //抓取
```

```
[9]: LP[2] 2000mm/sec CNT100 VOFFSET,VR[1]  Tool_Offset,PR[1]
//运行到回退点
[10]: LP[3] 500mm/sec CNT100
[11]: LP[4]500mm/sec FINE
[12]: HAND_OPEN                                //放下
[13]: LP[3] 500mm/sec CNT100
[14]: LP[1]500mm/sec FINE
[15]: END
[16]: LBL[1]
[17]: UALM[1]                                  //检出失败，报警
END
```

## 2. 使用手持相机多点拍摄进行位置补正

```
[1]: UFRAME_NUM=2
[2]: UTOOL_NUM=2
[3]: LP[1]2000mm/sec FINE                      //运行到第 1 个测量点位置
[4]: WAIT 0.5sec                               //等待机器人稳定停止
[5]: VISION RUN_FIND 'P1' CAMERA_VIEW[1]       //第 1 个测量点进行拍照检出
[6]: LP[2]2000mm/sec FINE                      //运行到第 2 个测量点位置
[7]: WAIT 0.5sec                               //等待机器人稳定停止
[8]: VISION RUN_FIND 'P2' CAMERA_VIEW[2]       //第 2 个测量点进行拍照检出
[9]: VISION GET_OFFSET 'P2' VR[1] JMP LBL[1]
//取得检出结果存入 VR[1]，若检出失败，跳转至 LBL[1]
[10]: LP[3]2000mm/sec CNT100  VOFFSET,VR[1]   Tool_Offset,PR[1]
//运行到接近点
[11]: LP[3]500mm/sec FINE  VOFFSET,VR[1]       //运行到取件点
[12]: HAND_CLOSE                               //抓取
[13]: LP[2]2000mm/sec CNT100  VOFFSET,VR[1]  Tool_Offset,PR[1]
//运行到回退点
[14]: LP[3]500mm/sec CNT100
[15]: LP[4]500mm/sec FINE
[16]: HAND_OPEN                                //放下
[17]: LP[3]500mm/sec CNT100
[18]: LP[1]500mm/sec FINE
[19]: END
[20]: LBL[1]
[21]: UALM[1]                                  //检出失败，报警
END
```

## 3. 使用固定相机多点拍摄进行抓取偏差补正

```
[1]: UFRAME_NUM=2
```

```
[2]: UTOOL_NUM=2
[3]: LP[1]2000mm/sec FINE                           //运行到第 1 个测量点位置
[4]: WAIT 0.5sec                                    //等待机器人稳定停止
[5]: VISION RUN_FIND 'P1' CAMERA_VIEW[1]            //第 1 个测量点进行拍照检出
[6]: LP[2]2000mm/sec FINE                           //运行到第 2 个测量点位置
[7]: WAIT 0.5sec                                    //等待机器人稳定停止
[8]: VISION RUN_FIND 'P1'  CAMERA_VIEW[2]           //第 2 个测量点进行拍照检出
[9]: VISION GET_OFFSET 'P1'  VR[1] JMP LBL[1]
//取得检出结果存入 VR[1]，若检出失败，跳转至 LBL[1]
[10]: LP[3]2000mm/sec CNT100  VOFFSET,VR[1]  Tool_Offset,PR[1]
//运行到接近点
[11]: LP[3]500mm/sec FINE  VOFFSET,VR[1]            //运行到取件位置
[12]: HAND_CLOSE                                    //抓取
[13]: LP[2]2000mm/sec CNT100  VOFFSET,VR[1]  Tool_Offset,PR[1]
//运行到回退点
[14]: LP[3]500mm/sec CNT100
[15]: LP[4]500mm/sec FINE
[16]: HAND_OPEN                                     //放下
[17]: LP[3]500mm/sec CNT100
[18]: LP[1]500mm/sec FINE
[19]: END
[20]: LBL[1]
[21]: UALM[1]                                       //检出失败，报警
END
```

## 【任务实施】

按照表 5-2 所示的视觉补正步骤完成视觉补正。

表 5-2 视觉补正步骤

| 步骤序号 | 任务名称 | 实施要点 | 评价模式 |
| --- | --- | --- | --- |
| 1 | 固定相机进行单视觉位置补正 | 编辑并调试程序 | 过程评价 |
| 2 | 手持相机进行单视觉位置补正 | 编辑并调试程序 | 过程评价 |
| 3 | 固定相机进行抓取偏差补正 | 编辑并调试程序 | 过程评价 |
| 4 | 手持相机进行多种不同工件的处理 | 编辑并调试程序 | 过程评价 |
| 5 | 多台固定相机进行视觉位置补正 | 编辑并调试程序 | 过程评价 |
| 6 | 手持相机多点拍摄进行位置补正 | 编辑并调试程序 | 过程评价 |
| 7 | 固定相机多点拍摄进行抓取偏差补正 | 编辑并调试程序 | 过程评价 |

## 【问题探究】

若补正点误差较大，该怎么进行修改呢？

## 【任务小结】

本任务通过手持相机和固定相机的单视觉补正、多视觉补正，要求会根据不同场合的需求进行视觉补正，并熟练示教补正程序。

## 【拓展训练】

### 单视图与多视图结合进行二次视觉定位

对于大工件进行双视图视觉定位时，工件位置如果同时发生位置和角度变化，很容易超出拍照检测区域。

若先使用单视图对工件进行粗定位，之后再利用双视图进行二次精定位，可以扩大工件的检出区域，提高检出成功率，程序示例如下。

```
[1]: UFRAME_NUM=2
[2]: UTOOL_NUM=2
[3]: LP[1]2000mm/sec FINE                        //运行到粗定位点
[4]: WAIT 0.5sec                                 //等待稳定停止
[5]: VISION RUN_FIND 'P1'                        //进行第 1 次定位检出
[6]: VISION GET_OFFSET 'P1'  VR[1] JMP LBL[1]
//取得第 1 次检出结果存入 VR[1]，若检出失败，跳转至 LBL[1]
[7]: LP[2]2000mm/sec FINE VOFFSET,VR[1]
[8]: WAIT 0.5sec                                 //等待稳定停止
[9]: VISION RUN_FIND 'P1' CAMERA_VIEW[1]         //进行第 2 次定位测量点 1 的拍照检出
[10]: LP[3]2000mm/sec FINE VOFFSET,VR[1]
[11]: WAIT 0.5sec                                //等待稳定停止
[12]: VISION RUN_FIND 'P1' CAMERA_VIEW[2]        //进行第 2 次定位测量点 2 的拍照检出
[13]: VISION GET_OFFSET 'P1' VR[1] JMP LBL[1]
//取得第 2 次检出结果存入 VR[1]，若检出失败，跳转至 LBL[1]
[14]: PR[50]=LPOS
[15]: PR[50]=PR[50]-PR[50]
[16]: PR[50,3]=50
[17]: LP[4]2000mm/sec CNT100  VOFFSET,VR[1]  Tool_Offset,PR[1]
```

```
//运行到接近点
[18]: LP[4]500mm/sec FINE  VOFFSET,VR[1]    //运行到接近点
[19]: HAND_CLOSE                             //抓取
[20]: LP[4]2000mm/sec CNT100  VOFFSET,VR[1]  Tool_Offset,PR[1]
//运行到回退点
[21]: LP[5]500mm/sec CNT100
[22]: LP[6]500mm/sec FINE
[23]: HAND_OPEN                              //放下
[24]: LP[5]500mm/sec CNT100
[25]: LP[1]500mm/sec FINE
[26]: END
[27]: LBL[1]
[28]: UALM[1]                                //检出失败，报警
END
```

# 项 目 六

## 2D 视觉摆放象棋棋子的应用

## 项目教学导航

| | | |
|---|---|---|
| 教 | 教学目标 | 1. 了解工业机器人象棋棋子摆放教学设备的组成<br>2. 配置视觉数据<br>3. 分析象棋棋子摆放程序 |
| | 知识重点 | 视觉数据的配置及象棋棋子摆放程序的分析 |
| | 知识难点 | 程序的编写与调试 |
| | 推荐教学方法 | 步骤讲解与实际操作相结合 |
| | 建议学时 | 10 学时 |
| 学 | 学习目标 | 1. 配置象棋棋子的视觉数据<br>2. 会编写及分析象棋棋子摆放的相关机器人程序 |
| 做 | 实训任务 | 1. 认识工业机器人象棋棋子摆放教学设备<br>2. 解析象棋棋子摆放程序 |

## 项目引入

**问：**我们已经会配置视觉的相关参数了，能上生产线调试相关设备了吗?

**答：**别着急哟，我们先来一个趣味性较强的教学项目。本项目将分为认识工业机器人象棋棋子摆放教学设备、解析象棋棋子摆放应用程序 2 个任务，带领大家学习象棋棋子摆放的应用。

## 知识图谱

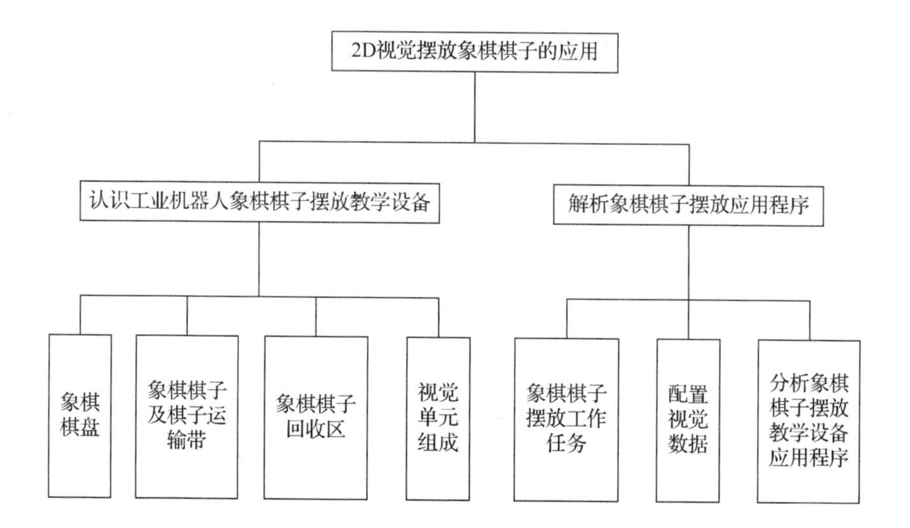

本项目以 FANUC 机器人利用 2D 视觉摆放象棋棋子的应用为例，介绍视觉寄存器的使用方法、分析视觉程序指令。通过本项目的学习可以掌握如何使用视觉寄存器和视觉程序指令等。

## 任务一　认识工业机器人象棋棋子摆放教学设备

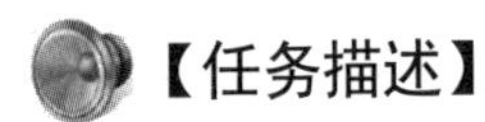

### 【任务描述】

了解象棋棋子在棋盘上的初始摆放位置，熟悉工业机器人象棋棋子摆放教学设备。

### 【学前准备】

1. 了解象棋棋子在棋局开始前的摆放位置。
2. 了解象棋棋局的基本规则。

### 【学习目标】

熟悉象棋棋子在棋盘上的初始摆放位置，了解工业机器人象棋棋子摆放教学设备的基本构成。以小组为单位，完成实训任务。

### 【学习要求】

1. 服从实习安排，认真、积极、主动地熟悉教学设备，了解设备各构件的作用，保证任务学习的效果。

2. 认真学习，收集任务相关资料，将任务完成过程中所遇到的问题记录下来，并与老师、同学共同探讨。

3. 以小组为单位，每个小组 4～6 人，进行讨论交流，并提交分析报告，制作相应的 PPT。

## 【任务学习】

熟悉象棋棋子在棋局开始前的摆放位置，以及象棋棋子摆放教学设备的基本构成。

## 一、象棋棋子的初始摆放位置

象棋是普及十分广泛的棋类项目，已流传到几十个国家和地区。象棋是中国正式开展的 78 个体育运动项目之一，是首届世界智力运动会的正式比赛项目之一。2008 年 6 月 7 日，象棋经国务院批准列入第二批国家级非物质文化遗产名录。图 6-1 所示为象棋棋子的初始摆放位置。

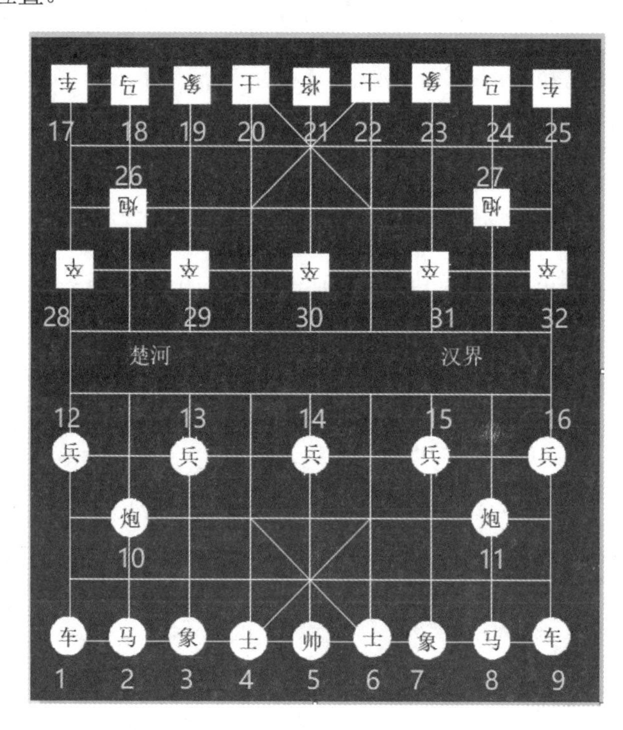


图 6-1 象棋棋子的初始摆放位置

## 二、认识教学设备的基本配置

图 6-2 所示为工业机器人象棋棋子摆放教学设备，该设备可以用于工业机器人技术应用专业基础操作教学。

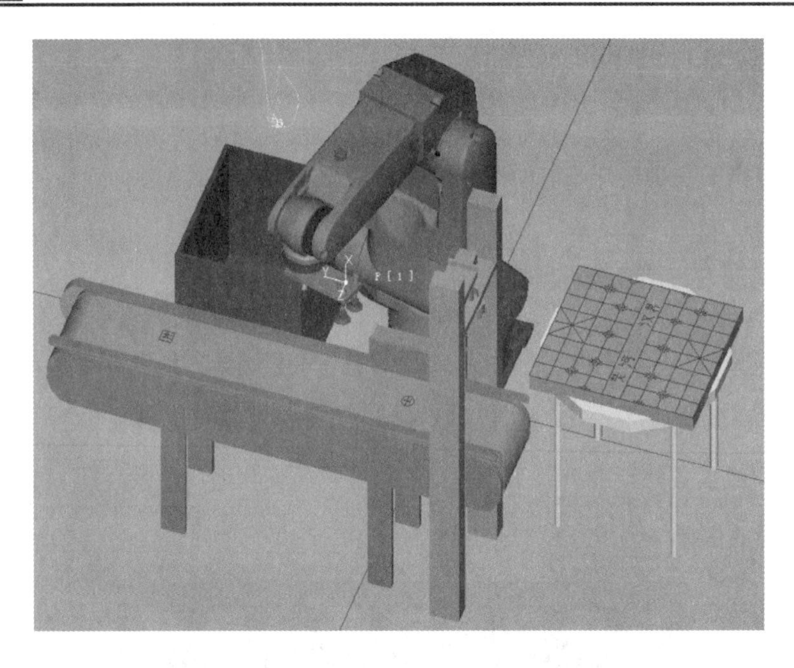

图 6-2　工业机器人象棋棋子摆放教学设备

## 1. 象棋棋盘

图 6-3 所示为象棋棋盘，象棋棋盘由九道直线和十道横线交叉组成。棋盘上共有 90 个交叉点，象棋棋子就摆放和活动在这些交叉点上，棋盘前后对称，均有相等数量的棋子。

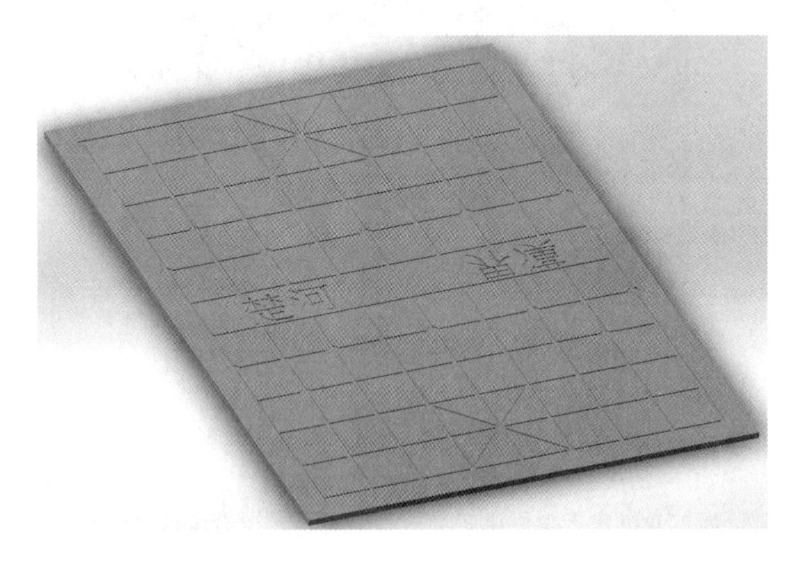

图 6-3　象棋棋盘

## 2. 象棋棋子及棋子运输带

棋盘上需要摆放棋子 32 个，方形与圆形各有 16 个，由对弈的双方各执一组。图 6-4 所示为象棋棋子运输带。棋子放上运输带，运输到拍照位置，检测完成后由机器人放入棋盘相应位置。

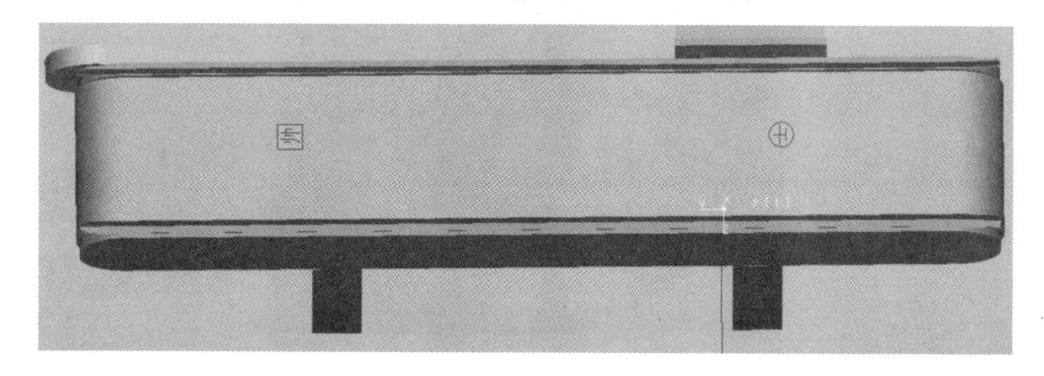

图 6-4 象棋棋子运输带

## 3. 象棋棋子回收区

图 6-5 所示为象棋棋子回收区。拍照检测完成以后，发现棋盘上已经有了对应的棋子，则将棋子放入象棋棋子回收区。

图 6-5 象棋棋子回收区

## 4. 视觉单元组成

视觉单元包含图像采集设备和图像处理设备，图像采集设备由一个 CCD 镜头和辅助

LED 光源组成。相机与光源如图 6-6 所示。

图 6-6　相机与光源

## 【任务实施】

表 6-1 所示为认识工业机器人象棋棋子摆放教学设备步骤表。根据表 6-1 完成认识工业机器人象棋棋子摆放教学设备的任务。

表 6-1　认识工业机器人象棋棋子摆放教学设备步骤表

| 步骤序号 | 任务名称 | 实施要点 | 评价模式 |
| --- | --- | --- | --- |
| 1 | 了解象棋 | 知道象棋棋子如何摆放 | 过程评价 |
| 2 | 熟悉设备 | 了解象棋棋子摆放教学设备是由哪些设备组成 | 过程评价 |

## 【任务小结】

本任务通过对象棋棋子摆放教学设备各组件的认识，了解象棋棋子的初始摆放位置，并熟悉教学设备各组件的基本功能。

## 【拓展训练】

结合设备实物，查阅教学设备的相关资料，找出教学设备上的传感器信号。

# 任务二　解析象棋棋子摆放应用程序

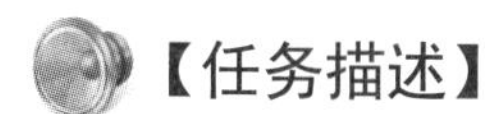

## 【任务描述】

配置任务书的视觉数据，分析任务书象棋棋子摆放机器人程序。

## 【学前准备】

查阅资料，了解程序指令的功能及用法。

## 【学习目标】

理解学习任务的任务书，分析象棋棋子摆放应用程序。

## 【学习要求】

1. 服从实习安排，认真、积极、主动地完成程序的编写及调试等任务，保证任务学习的效果。

2. 认真学习，收集任务相关资料，将任务完成过程中所遇到的问题记录下来，并与老师、同学共同探讨。

3. 以小组为单位，每个小组 4～6 人，进行讨论交流，并提交分析报告，制作相应的 PPT。

## 【任务学习】

配置视觉数据，分析工业机器人程序。

## 一、熟悉象棋棋子摆放工作任务

某学院为了增加学生对工业机器人的学习兴趣，开发了一款自动化教学设备，该设备利用工业机器人代替人工完成象棋棋子的摆放。目前，工业机器人系统已经基本完成搭建工作，进入程序调试阶段。

工业机器人系统的具体工作任务：棋子由运输带运送至检测位置，经视觉检测后，由机器人取出放入棋盘中。棋盘“楚”的一方摆放圆形的象棋棋子，“汉”的一方摆放正方形的象棋棋子，并根据棋子上不同的字摆放在各自阵营的相应位置。若检测出的棋子在棋盘中已有对应棋子摆放到位，则将这枚棋子放入象棋棋子回收区。视觉设置及系统联调要求如下。

（1）对智能视觉的检测参数进行设置，通过视觉检测分辨当前棋子的形状和棋子上的字，将所提取的特征数据传输到工业机器人控制器中。

（2）机器人切换成自动模式，自动完成所有的工作内容，要求全程无人工参与。

## 二、配置视觉数据

如何安装相机、标定相机、设定补正坐标系等参数，请参考项目一至项目五。这里以圆形棋子车为例配置视觉数据。

配置视觉数据步骤如下。

（1）点击“拍照”按钮，点击“模型示教”按钮，如图 6-7 所示，进行配置工件模型的视觉数据。

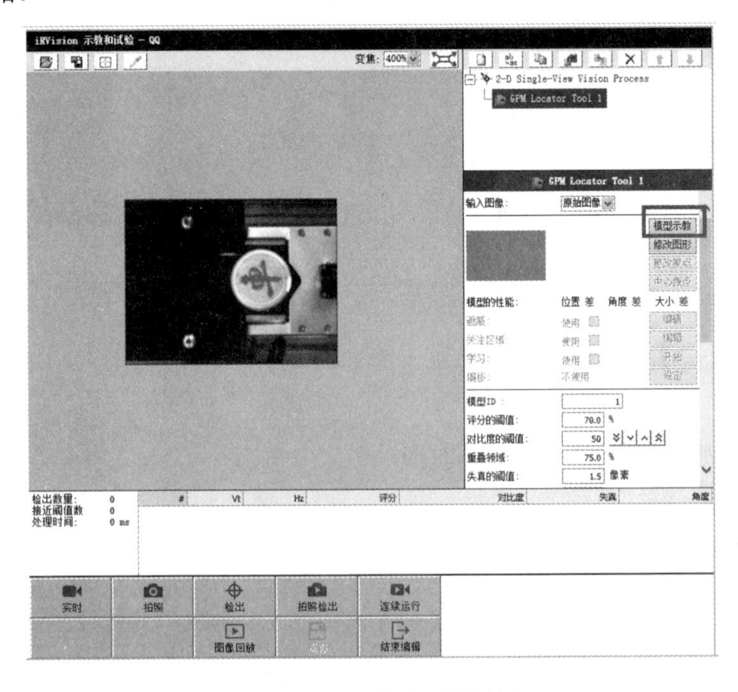


图 6-7　点击“模型示教”按钮

（2）框选工件模型的大致范围，即框选象棋棋子的范围，如图 6-8 所示。

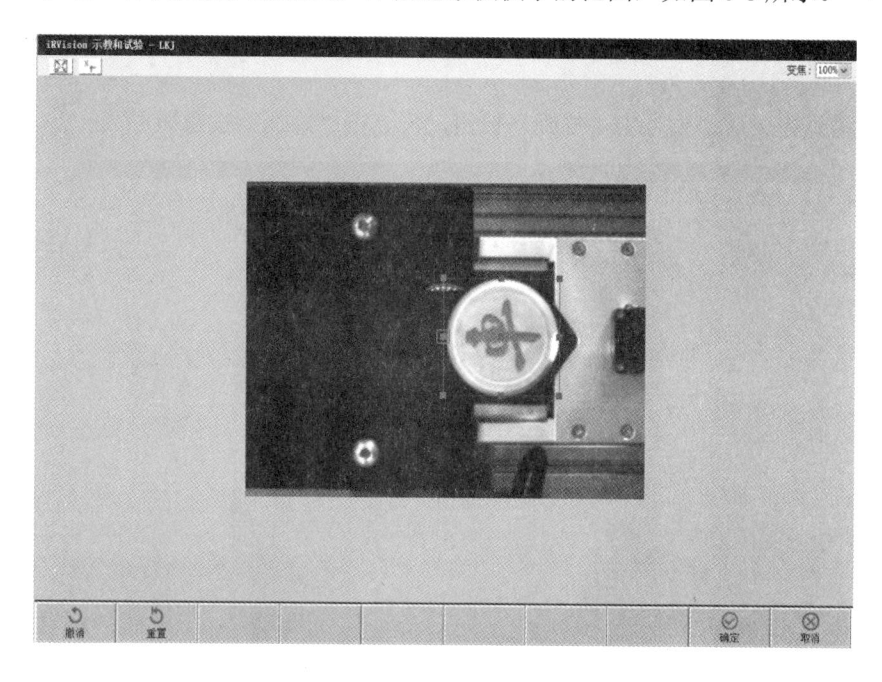


图 6-8 框选工件模型的大致范围

（3）点击“确定”按钮，iRVision 自动框选模型的大致轮廓，如图 6-9 所示。

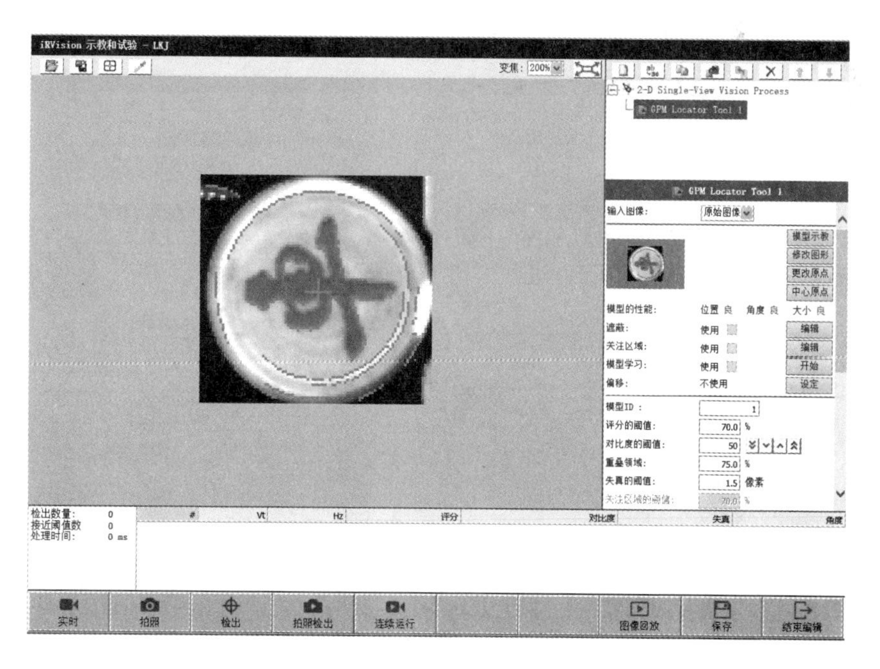


图 6-9 iRVision 自动框选模型的大致轮廓

（4）点击“关注区域”行的“编辑”按钮，把象棋棋子上的字描画一遍，显示工件模型的关注区域，如图 6-10 所示。

（5）描画完成后，先点击“描画”按钮，再点击“确认”按钮即可。

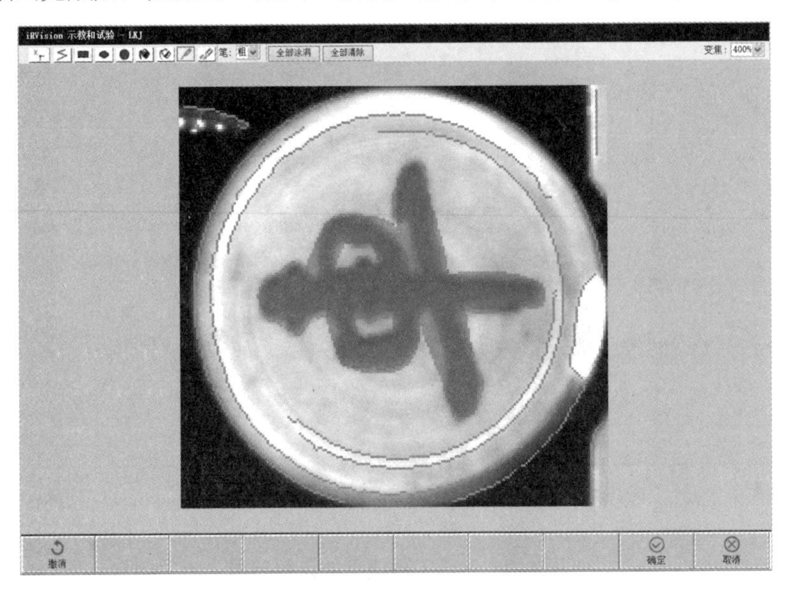


图 6-10　工件模型的关注区域

（6）设定工件模型 ID，即象棋棋子的 ID，如图 6-11 所示。

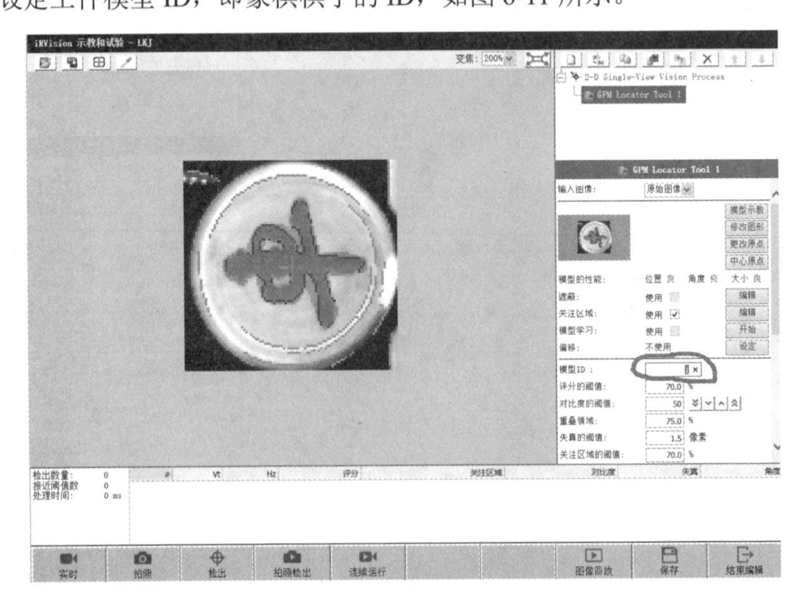


图 6-11　设定工件模型 ID

（7）同理，根据表6-2所示的分配工件模型ID表完成全部象棋棋子视觉数据的设定。

表6-2 分配工件模型ID表

| 棋 子 | 模型ID | 棋 子 | 模型ID |
|---|---|---|---|
| 圆车 | 1 | 方车 | 8 |
| 圆马 | 2 | 方马 | 9 |
| 圆象 | 3 | 方相 | 10 |
| 圆士 | 4 | 方士 | 11 |
| 圆帅 | 5 | 方将 | 12 |
| 圆炮 | 6 | 方炮 | 13 |
| 圆兵 | 7 | 方卒 | 14 |

## 三、分析象棋棋子摆放教学设备应用程序

### 1. PROG KH子程序：快换

```
[1]:J PR[101] 100% FINE              //机器人移到吸盘工具上方的点
[2]:J P[1] 100% CNT100               //机器人移到吸盘工具上方的点
[3]:L P[2] 100mm/sec FINE            //机器人移到吸盘工具点
[4]:WAIT   .50 (sec)                 //等待0.5秒
[5]:DO[109]=(AR[1])                  //自变量暂存器为1，则为ON；自变量暂存器为0，则为OFF
[6]:WAIT   .50 (sec)                 //等待0.5秒
[7]:L P[1] 100mm/sec FINE            //机器人移到吸盘工具上方的点
[8]:J PR[101] 100% FINE              //机器人移到吸盘工具上方的点
```

### 2. PROG XQF子程序：象棋棋子放

```
[1]:J PR[102] 100% CNT100            //机器人移到过渡的点
[2]:J PR[AR[1]] 100% CNT100 Offset,PR[100]
//移动到点PR[AR[1]]上方50mm，PR[100]里的Z值为50mm
[3]:L PR[AR[1]] 100mm/sec FINE       //移动到点PR[AR[1]]
[4]:WAIT   .50 (sec)                 //等待0.5秒
[5]:DO[110]=(OFF)                    //DO[110]置为OFF
[6]:WAIT   .50 (sec)                 //等待0.5秒
[7]:L PR[AR[1]] 100mm/sec FINE Offset,PR[100]
//移动到点PR[AR[1]]上方50mm，PR[100]里的Z值为50mm
[8]:J PR[102] 100% CNT100            //机器人移到过渡的点
```

### 3. PROG XQQ子程序：象棋棋子取

```
[1]:J PR[102] 100% CNT100            //机器人移到过渡的点
[2]:J P[5] 100% CNT100               //机器人移到象棋棋子取上方的点
```

```
[3]:L P[6] 100mm/sec FINE                  //机器人移到象棋棋子取的点
[4]:WAIT   .50 (sec)                        //等待 0.5 秒
[5]:DO[110]= (ON)                           //DO[110]置为 ON
[6]:WAIT   .50 (sec)                        //等待 0.5 秒
[7]:L P[6] 100mm/sec FINE                  //机器人移到过渡的点
[8]:J PR[102] 100% CNT100                  //机器人移到过渡的点
```

### 4. PROC FYC 子程序：放圆车

```
[1]:IF (R[R[100]]) =1,R[200]= (1)          //若圆车为第 1 颗，则放在棋盘 1 号位置（点位可
以参照图 6-1）
[2]:IF (R[R[100]]) =2,R[200]= (9)          //若圆车为第 2 颗，则放在棋盘 9 号位置
[3]:IF (R[R[100]]) >2,R[200]= (100)        //若圆车多于 2 颗，则放在回收区，100 为回收区点位
```

### 5. PROC FYM 子程序：放圆马

```
[1]:IF (R[R[100]]) =1,R[200]= (2)          //若圆马为第 1 颗，则放在棋盘 2 号位置
[2]:IF (R[R[100]]) =2,R[200]= (8)          //若圆马为第 2 颗，则放在棋盘 8 号位置
[3]:IF (R[R[100]]) >2,R[200]= (100)        //若圆马多于 2 颗，则放在回收区，100 为回收区点位
```

### 6. PROC FYX 子程序：放圆象

```
[1]:IF (R[R[100]]) =1,R[200]= (3)          //若圆象为第 1 颗，则放在棋盘 3 号位置
[2]:IF (R[R[100]]) =2,R[200]= (7)          //若圆象为第 2 颗，则放在棋盘 7 号位置
[3]:IF (R[R[100]]) >2,R[200]= (100)        //若圆象多于 2 颗，则放在回收区，100 为回收区点位
```

### 7. PROC FYS 子程序：放圆士

```
[1]:IF (R[R[100]]) =1,R[200]= (4)          //若圆士为第 1 颗，则放在棋盘 4 号位置
[2]:IF (R[R[100]]) =2,R[200]= (6)          //若圆士为第 2 颗，则放在棋盘 6 号位置
[3]:IF (R[R[100]]) >2,R[200]= (100)        //若圆士多于 2 颗，则放在回收区，100 为回收区点位
```

### 8. PROC FYS1 子程序：放圆帅

```
[1]:IF (R[R[100]]) =1,R[200]= (5)          //若圆帅为第 1 颗，则放在棋盘 5 号位置
[2]:IF (R[R[100]]) >1,R[200]= (100)        //若圆帅多于 1 颗，则放在回收区，100 为回收区点位
```

### 9. PROC FYP 子程序：放圆炮

```
[1]:IF (R[R[100]]) =1,R[200]= (10)         //若圆炮为第 1 颗，则放在棋盘 10 号位置
[2]:IF (R[R[100]]) =2,R[200]= (11)         //若圆炮为第 2 颗，则放在棋盘 11 号位置
[3]:IF (R[R[100]]) >2,R[200]= (100)        //若圆炮多于 2 颗，则放在回收区，100 为回收区点位
```

### 10.PROC FYB 子程序：放圆兵

```
[1]:IF (R[R[100]]) =1,R[200]= (12)         //若圆兵为第 1 颗，则放在棋盘 12 号位置
[2]:IF (R[R[100]]) =2,R[200]= (13)         //若圆兵为第 2 颗，则放在棋盘 13 号位置
```

```
[3]:IF (R[R[100]]) =3,R[200]= (14)     //若圆兵为第 3 颗，则放在棋盘 14 号位置
[4]:IF (R[R[100]]) =4,R[200]= (15)     //若圆兵为第 4 颗，则放在棋盘 15 号位置
[5]:IF (R[R[100]]) =5,R[200]= (16)     //若圆兵为第 5 颗，则放在棋盘 16 号位置
[6]:IF (R[R[100]]) >5,R[200]= (100)    //若圆兵多于 5 颗，则放在回收区，100 为回收区点位
```

## 11. PROC FFC 子程序：放方车

```
[1]:IF (R[R[100]]) =1,R[200]= (17)     //若方车为第 1 颗，则放在棋盘 17 号位置
[2]:IF (R[R[100]]) =2,R[200]= (25)     //若方车为第 2 颗，则放在棋盘 25 号位置
[3]:IF (R[R[100]]) >2,R[200]= (100)    //若方车多于 2 颗，则放在回收区，100 为回收区点位
```

## 12. PROC FFM 子程序：放方马

```
[1]:IF (R[R[100]]) =1,R[200]= (18)     //若方马为第 1 颗，则放在棋盘 18 号位置
[2]:IF (R[R[100]]) =2,R[200]= (24)     //若方马为第 2 颗，则放在棋盘 24 号位置
[3]:IF (R[R[100]]) >2,R[200]= (100)    //若方马多于 2 颗，则放在回收区，100 为回收区点位
```

## 13. PROC FFX 子程序：放方象

```
[1]:IF (R[R[100]]) =1,R[200]= (19)     //若方象为第 1 颗，则放在棋盘 19 号位置
[2]:IF (R[R[100]]) =2,R[200]= (23)     //若方象为第 2 颗，则放在棋盘 23 号位置
[3]:IF (R[R[100]]) >2,R[200]= (100)    //若方象多于 2 颗，则放在回收区，100 为回收区点位
```

## 14. PROC FFS 子程序：放方士

```
[1]:IF (R[R[100]]) =1,R[200]= (20)     //若方士为第 1 颗，则放在棋盘 20 号位置
[2]:IF (R[R[100]]) =2,R[200]= (22)     //若方士为第 2 颗，则放在棋盘 22 号位置
[3]:IF (R[R[100]]) >2,R[200]= (100)    //若方士多于 2 颗，则放在回收区，100 为回收区点位
```

## 15. PROC FFJ 子程序：放方将

```
[1]:IF (R[R[100]]) =1,R[200]= (21)     //若方将为第 1 颗，则放在棋盘 21 号位置
[2]:IF (R[R[100]]) >1,R[200]= (100)    //若方将多于 1 颗，则放在回收区，100 为回收区点位
```

## 16. PROC FFP 子程序：放方炮

```
[1]:IF (R[R[100]]) =1,R[200]= (26)     //若方炮为第 1 颗，则放在棋盘 26 号位置
[2]:IF (R[R[100]]) =2,R[200]= (27)     //若方炮为第 2 颗，则放在棋盘 27 号位置
[3]:IF (R[R[100]]) >2,R[200]= (100)    //若方炮多于 2 颗，则放在回收区，100 为回收区点位
```

## 17. PROC FFZ 子程序：放方卒

```
[1]:IF (R[R[100]]) =1,R[200]= (28)     //若方卒为第 1 颗，则放在棋盘 28 号位置
[2]:IF (R[R[100]]) =2,R[200]= (29)     //若方卒为第 2 颗，则放在棋盘 29 号位置
[3]:IF (R[R[100]]) =3,R[200]= (30)     //若方卒为第 3 颗，则放在棋盘 30 号位置
[4]:IF (R[R[100]]) =4,R[200]= (31)     //若方卒为第 4 颗，则放在棋盘 31 号位置
[5]:IF (R[R[100]]) =5,R[200]= (32)     //若方卒为第 5 颗，则放在棋盘 32 号位置
[6]:IF (R[R[100]]) >5,R[200]= (100)    //若方卒多于 5 颗，则放到回收区，100 为回收区点位
```

## 18. PROG MAIN 主程序

```
[1]:FOR R[120]=1 TO 14                  //循环 14 次  ┐
[2]:R[R[120]]=0                         //参数赋 0    ├ 初始化步骤
[3]:ENDFOR                              //结束循环    ┘
[4]:R[101]=0                            //参数赋 0
[5]:CALL KH 1                           //调用快换程序，赋自变量暂存器为 1，取吸盘
[6]:LBL[1]                              //标签 1
[7]:WAIT  DI[1]=ON                      //等待运输带运输到位
[8]:VISION RUN_FIND 'P1'                //启动视觉程序 P1，进行拍照检出
[9]:VISION GET_OFFSET 'P1'  VR[1] JMP LBL[2]
//取得检出结果存入 VR[1]，若检出失败，跳转至 LBL[2]
[10]:R[100]=VR[1].MODELID               //将检出工件的模型 ID 号存入 R[100]
[11]:R[R[100]]= R[R[100]]+1             //每个象棋棋子的个数
[12]:IF R[100]=1,CALL FYC               //若工件 ID 为 1，则调用放圆车
[13]:IF R[100]=2,CALL FYM               //若工件 ID 为 2，则调用放圆马
[14]:IF R[100]=3,CALL FYX               //若工件 ID 为 3，则调用放圆象
[15]:IF R[100]=4,CALL FYS               //若工件 ID 为 4，则调用放圆士
[16]:IF R[100]=5,CALL FYS1              //若工件 ID 为 5，则调用放圆帅
[17]:IF R[100]=6,CALL FYP               //若工件 ID 为 6，则调用放圆炮
[18]:IF R[100]=7,CALL FYB               //若工件 ID 为 7，则调用放圆兵
[19]:IF R[100]=8,CALL FFC               //若工件 ID 为 8，则调用放方车
[20]:IF R[100]=9,CALL FFM               //若工件 ID 为 9，则调用放方马
[21]:IF R[100]=10,CALL FFX              //若工件 ID 为 10，则调用放方象
[22]:IF R[100]=11,CALL FFS              //若工件 ID 为 11，则调用放方士
[23]:IF R[100]=12,CALL FFJ              //若工件 ID 为 12，则调用放方将
[24]:IF R[100]=13,CALL FFP              //若工件 ID 为 13，则调用放方炮
[25]:IF R[100]=14,CALL FFC              //若工件 ID 为 14，则调用放方卒
[26]:CALL XQQ                           //调用象棋棋子取
[27]:CALL XQF R[200]                    //调用象棋棋子放，给 R[200]变量
[28]:IF （R[200]<>100）,R[101]=（R[101]+1）
//计算棋盘上的棋子数
[29]:IF R[101]>31 JMP LBL[3]            //若棋盘全摆满，则跳出循环
[30]:JMP LBL[1]                         //跳转至标签 1
[31]:LBL[2]                             //标签 2
[32]:CALL XQQ                           //调用象棋棋子取
[33]:CALL XQF 100                       //调用象棋棋子放，给 100 变量
[34]:JMP LBL[1]                         //跳转至标签 1
[35]:LBL[3]                             //标签 3
[36]:CALL KH 0                          //调用快换程序，给 0 变量
```

## 【任务实施】

表6-3所示为配置视觉场景、编写及调试程序步骤表。按表6-3所示的步骤配置视觉场景，编写工业机器人程序，并对编写的程序进行调试。

表6-3 配置视觉场景、编写及调试程序步骤表

| 步骤序号 | 任务名称 | 实施要点 | 评价模式 |
|---|---|---|---|
| 1 | 安全检查 | 了解各个机械作用及安全防护 | 过程评价 |
| 2 | 设置圆车场景 | 了解iRVision如何判断圆车 | 过程评价 |
| 3 | 设置圆马场景 | 了解iRVision如何判断圆马 | 过程评价 |
| 4 | 设置圆象场景 | 了解iRVision如何判断圆象 | 过程评价 |
| 5 | 设置圆士场景 | 了解iRVision如何判断圆士 | 过程评价 |
| 6 | 设置圆帅场景 | 了解iRVision如何判断圆帅 | 过程评价 |
| 7 | 设置圆炮场景 | 了解iRVision如何判断圆炮 | 过程评价 |
| 8 | 设置圆兵场景 | 了解iRVision如何判断圆兵 | 过程评价 |
| 9 | 设置方车场景 | 了解iRVision如何判断方车 | 过程评价 |
| 10 | 设置方马场景 | 了解iRVision如何判断方马 | 过程评价 |
| 11 | 设置方象场景 | 了解iRVision如何判断方象 | 过程评价 |
| 12 | 设置方士场景 | 了解iRVision如何判断方士 | 过程评价 |
| 13 | 设置方将场景 | 了解iRVision如何判断方将 | 过程评价 |
| 14 | 设置方炮场景 | 了解iRVision如何判断方炮 | 过程评价 |
| 15 | 设置方卒场景 | 了解iRVision如何判断方卒 | 过程评价 |
| 16 | 编写子程序 | 优化程序 | 过程评价 |
| 17 | 编写机器人与各机械的信号交互及视觉数据的应用 | 1．实现各配置之间互联互通<br>2．机器人数字输入DI[1]是运输带运输到位信号 | 结果评价 |
| 18 | 编写主程序 | 实现各程序之间的互联互通 | 过程评价 |
| 19 | 定点 | 了解每个点位代表的象棋棋子数据 | 过程评价 |
| 20 | 程序的联调 | 对程序进行优化、联调 | 结果评价 |
| 21 | 自动运行程序 | 对结果进行验证 | 结果评价 |

## 【任务小结】

本任务要求能完成教学案例任务书的相关工作任务，会设置视觉系统相关参数，能理解工业机器人程序。在完成任务的同时，要求务必保证设备及人身安全，穿戴好劳动保护用品，遵守各项安全操作规程，实训结束要清理现场。

## 【拓展训练】

图 6-12 所示为象棋棋子摆正位置示意图。如果要求棋子的两个标记符号与棋盘竖线及横线对齐，并将棋子按图 6-12 所示的位置摆正，应当如何实现？

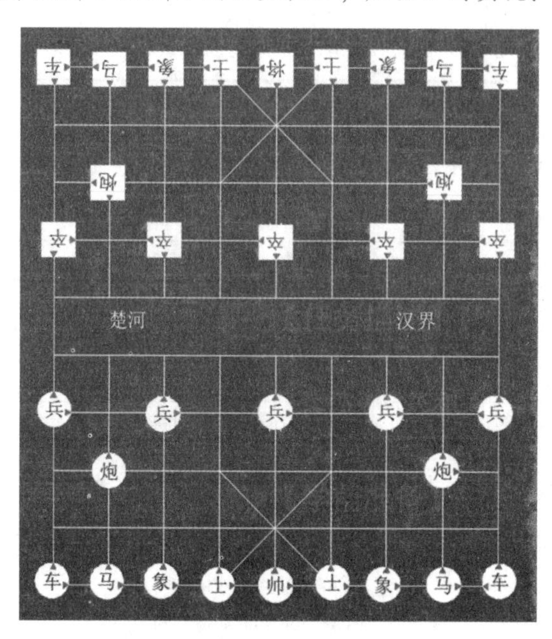


图 6-12　象棋棋子摆正位置示意图

# 项 目 七

# 2D 视觉在工业机器人分拣生产线上的应用

## 项目教学导航

| | | |
|---|---|---|
| 教 | 教学目标 | 1. 了解和认识工业机器人分拣生产线<br>2. 对分拣生产线视觉进行设定<br>3. 编写并调试分拣生产线程序 |
| | 知识重点 | 1. 分拣生产线视觉的设定<br>2. 分拣生产线程序的编写 |
| | 知识难点 | 程序逻辑的应用 |
| | 推荐教学方法 | 步骤讲解与实际操作相结合 |
| | 建议学时 | 10 学时 |
| 学 | 学习目标 | 1. 配置分拣生产线的视觉数据<br>2. 编写并掌握分拣生产线程序<br>3. 调试分拣生产线程序 |
| 做 | 实训任务 | 1. 认识工业机器人分拣生产线<br>2. 解析分拣生产线应用程序 |

## 项目引入

问：如何实现工业机器人自动分拣生产线的功能？

答：别着急哟，本项目将分为认识工业机器人分拣生产线、解析分拣生产线应用程序两个任务，带领大家学习工业机器人自动分拣生产线的应用。

## 知识图谱

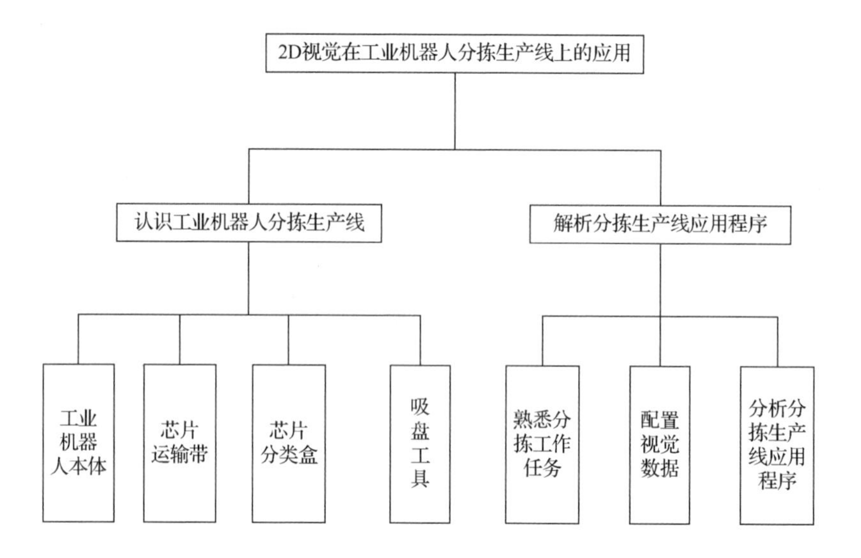

本项目以FANUC机器人利用2D视觉自动分拣芯片的应用为例，介绍视觉寄存器的使用方法和程序编写。通过本项目的学习，进一步掌握如何使用视觉寄存器和视觉程序指令等。

## ▼ 任务一 认识工业机器人分拣生产线 ▼

### 【任务描述】

了解和认识工业机器人分拣生产线。

### 【学前准备】

1. 了解一般的分拣生产线的设备构成。
2. 充分了解分拣生产线中的设备。

### 【学习目标】

通过对分拣生产线的了解，对分拣生产线各模块能有清晰的认识，以小组为单位，完成实训任务。

### 【学习要求】

1. 服从实习安排，认真、积极、主动地熟悉分拣生产线设备，了解设备各构件的作用，保证任务学习的效果。

2. 认真学习，收集任务相关资料，将任务完成过程中所遇到的问题记录下来，并与老师、同学共同探讨。

3. 以小组为单位，每个小组4～6人，进行讨论交流，并提交分析报告，制作相应的PPT。

【任务学习】

能够了解分拣生产线的组成，以及分拣生产线中各模块的作用。

## 一、了解分拣生产线的组成

工业机器人分拣生产线示意图如图 7-1 所示。为方便教学，在分拣生产线上还安装有涂胶模板，该分拣生产线可以用于中职和高职工业机器人技术应用专业的基础操作教学。

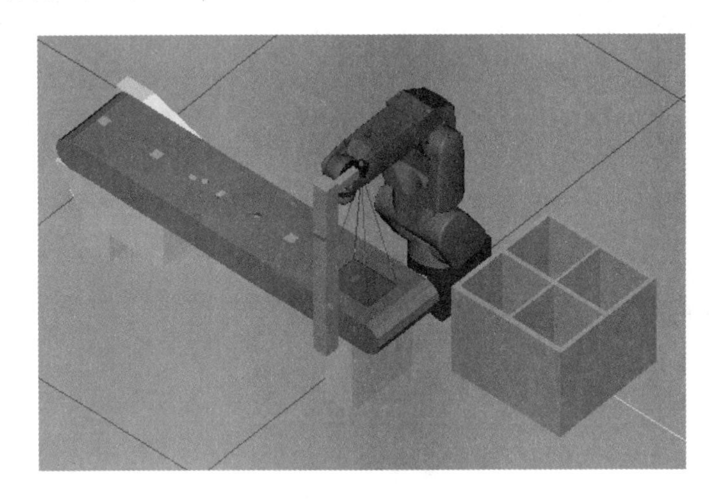

图 7-1 工业机器人分拣生产线示意图

### 1. 工业机器人本体

分拣生产线上选择的工业机器人本体如图 7-2 所示。

图 7-2 工业机器人本体

该工业机器人具有以下特性。

（1）机体紧凑：适用于狭小空间的作业场合，是同级别中最轻的结构部件。

（2）高防护等级：标准的 IP67 防护等级，可以选择 IP69K 防高压水流冲击防护等级。

（3）高刚性：采用高刚性手臂和先进的伺服系统，实现高速而平滑的动作性能。

（4）高集成度：工具电缆和气管全部集成在机器人手臂内。

（5）智能功能：提供视觉和力觉传感器接口，支持相应的智能应用功能。

（6）任意安装角度：可以地装、倒吊和倾斜安装。

## 2. 芯片运输带

芯片运输带主要由机构、直流电动机、编码器、光电传感器等组成，可以完成芯片的运输工作，配上视觉系统，可以对经过的芯片进行视觉检测。芯片运输带如图 7-3 所示。

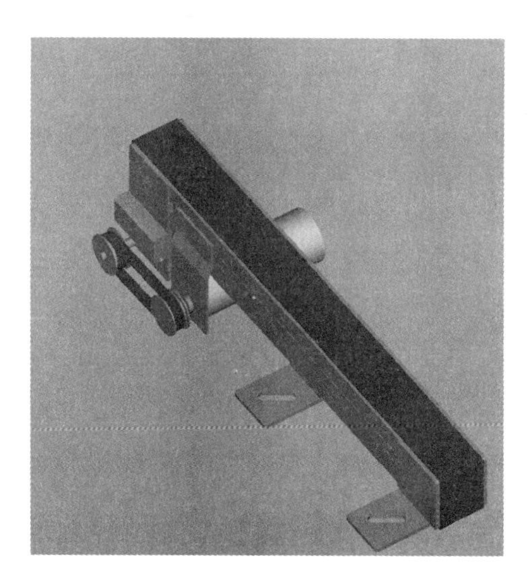

图 7-3 芯片运输带

## 3. 芯片分类盒

芯片经过视觉检测后，根据所属类型被放入分类盒的对应位置中。芯片分类盒如图 7-4 所示。

图 7-4　芯片分类盒

### 4. 吸盘工具

吸盘工具能够完成芯片的拾取及放置，使工业机器人能够自动完成工具的拾取和放下。吸盘工具如图 7-5 所示。

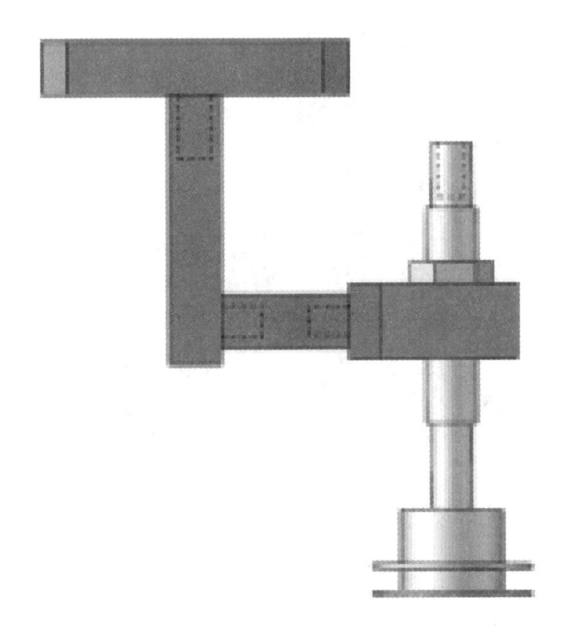

图 7-5　吸盘工具

## 二、视觉单元的组成

视觉单元包含图像采集设备和图像处理设备。图像采集设备是由一个 SONY 相机和辅助 LED 光源组成的。相机及光源如图 7-6 所示。图像处理控制系统由 FANUC 自带的 iRVision 组成。

图 7-6 相机及光源

### 【任务实施】

按照表 7-1 所示的工业机器人分拣生产线应用步骤完成了解工业机器人分拣生产线上的任务。

表 7-1 工业机器人分拣生产线应用步骤

| 步骤序号 | 任务名称 | 实施要点 | 评价模式 |
|---|---|---|---|
| 1 | 了解分拣生产线 | 知道是做什么用的 | 过程评价 |
| 2 | 熟悉设备 | 了解分拣生产线是由哪些设备组成的 | 过程评价 |

### 【任务小结】

本任务要求熟悉工业机器人分拣生产线，熟悉工业机器人分拣生产线各组件的基本功能，并能熟练完成 CPU、集成电路、三极管、电容的场景设置。

## 【拓展训练】

如果 CPU、集成电路、三极管、电容都有深色和浅色两种不同颜色的芯片，如何通过场景的设置来判断两种不同的颜色？结合设备实物查阅教学设备的相关资料，找出教学设备上的传感器信号。

# 任务二　解析分拣生产线应用程序

## 【任务描述】

设置视觉系统相关参数，综合案例分析分拣生产线应用程序。

## 【学前准备】

1. 了解视觉系统相关参数的设置步骤。
2. 会设置视觉系统相关参数。
3. 能了解工业机器人程序。

## 【学习目标】

通过对视觉程序的理解能够掌握其分拣产品的原理，以小组为单位，完成实训任务。

## 【学习要求】

1. 服从实习安排，认真、积极、主动地完成程序的编写与调试等任务，保证任务学习的效果。

2. 认真学习，收集任务的相关资料，将任务完成过程中所遇到的问题记录下来，并与老师、同学共同探讨。

3. 以小组为单位，每个小组 4～6 人，进行讨论交流，并提交分析报告，制作相应的 PPT。

## 【任务学习】

能够了解工业机器人程序并进行编程，了解生产线中根据不同需求进行相关数据的设置。

## 一、熟悉分拣生产线工作任务

某公司是国内大型3C行业产品制造生产企业，其主要业务包括电子产品的制造、装配代工。该公司接到新订单，需要完成对相同尺寸的不同产品的控制主板的异形芯片进行插件操作，但是芯片还未进行分类。未分类芯片如图7-7所示。为响应国家政策号召，该公司决定开发一款自动化生产线，利用工业机器人代替人工完成生产工作。

图7-7 未分类芯片

目前，工业机器人系统已经基本完成搭建工作，还有一部分后续工作需要完成，具体工作内容如下。

产品分类要求芯片经过运输带的运输，才能到达机器人抓取位，如图7-8所示。机器人抓取后放入拍摄位进行拍摄，识别出当前芯片所属类别后，放入对应类别的盒子，如图7-9所示。

图 7-8 芯片经过运输带

图 7-9 放入芯片分类盒

## 二、配置视觉数据

（1）先创建一个新的相机，并对其参数进行设置。模拟相机数据界面如图 7-10 所示。

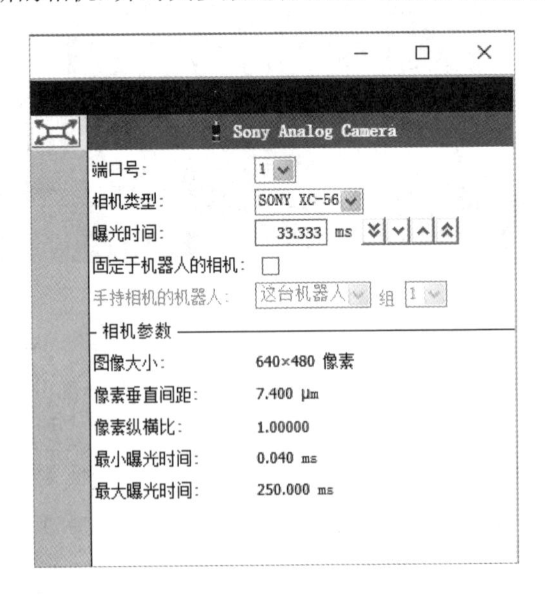


图 7-10 模拟相机数据界面

（2）创建一个新的相机校准，并对其参数进行设置。相机校准参数设置界面如图 7-11 所示。

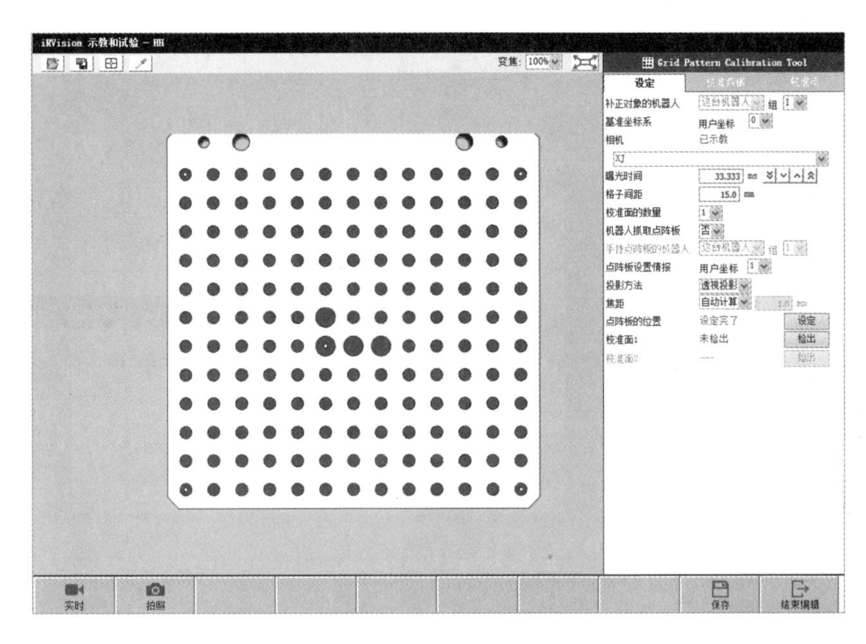


图 7-11　相机校准参数设置界面

（3）点击“视觉类型”按钮，选择“视觉处理程序”选项，创建一个视觉处理程序，在“类型”下拉列表中选择“2-D Single-View Vision Process”选项，在“名称”文本框中输入任意名称。视觉处理程序界面如图 7-12 所示。

图 7-12　视觉处理程序界面

（4）双击“2-D Single-View Vision Process”图标，打开新建的视觉处理程序，在“相机校准数据”下拉列表中选择之前设置完成的数据名称。视觉数据设定界面如图 7-13 所示。

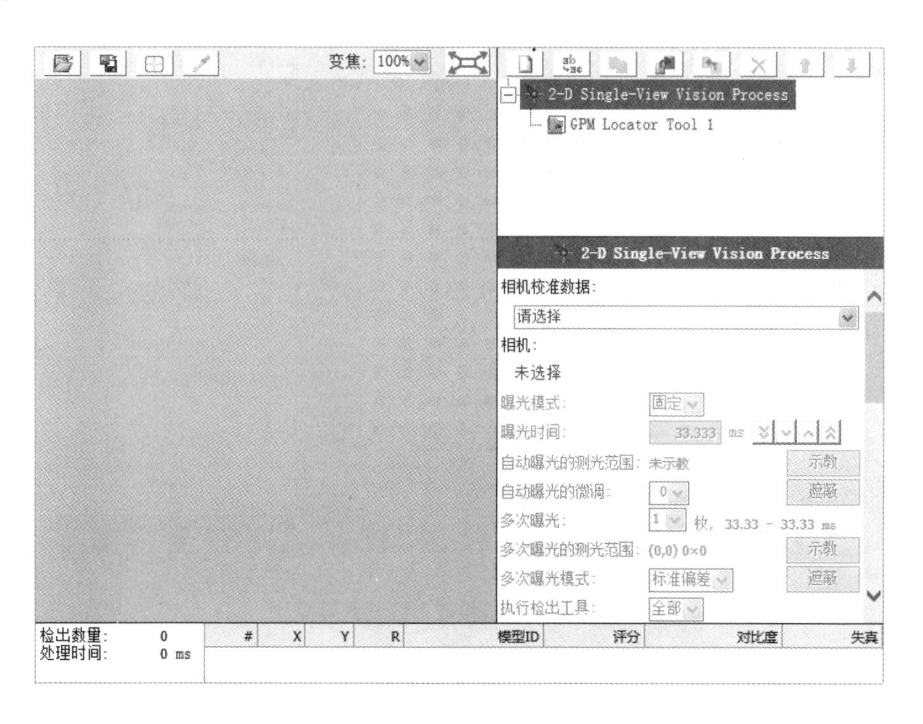


图 7-13　视觉数据设定界面

（5）点击“2-D Single-View Vision Process”下的图标，继续创建 4 个视觉工具。创建新的视觉工具界面如图 7-14 所示。

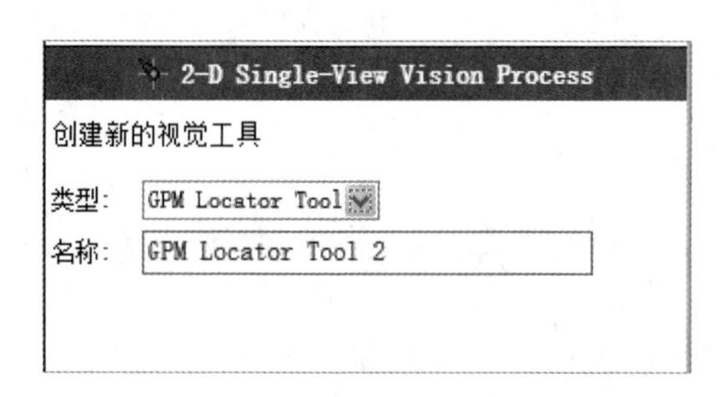


图 7-14　创建新的视觉工具界面

（6）创建完成呈红色（图中黑色部分）代表还未示教。未示教视觉工具界面如图 7-15 所示。

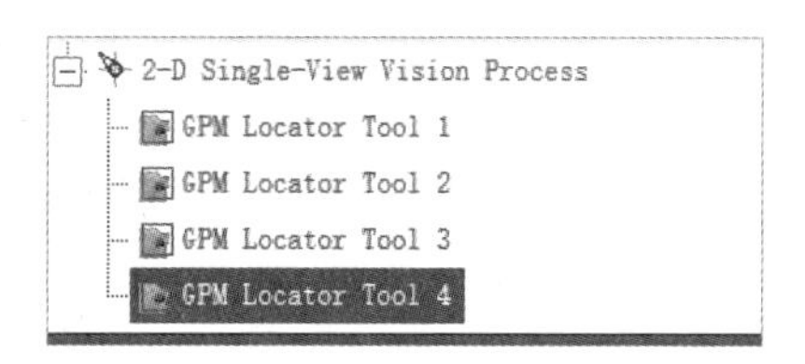


图 7-15 未示教视觉工具界面

(7)点击任意一个未示教视觉工具进行设置。设定视觉工具数据界面如图 7-16 所示。点击其中的“模型示教”按钮进行模型的录入。

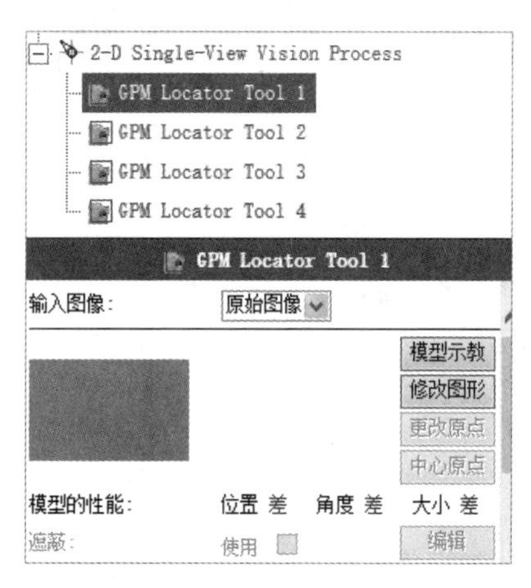


图 7-16 设定视觉工具数据界面

(8)显示框选芯片范围,如图 7-17 所示,点击“确定”按钮。

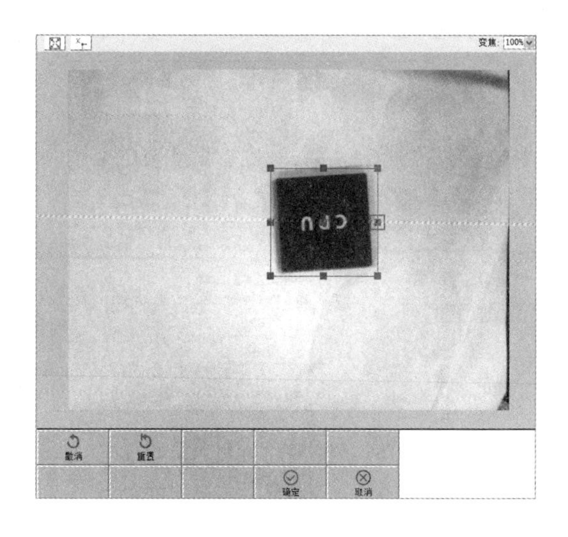

图 7-17 框选芯片范围

（9）将当前形状的模型 ID 设置为 1，不同类型的图形模型须设置不同的 ID。设定模型 ID 如图 7-18 所示。

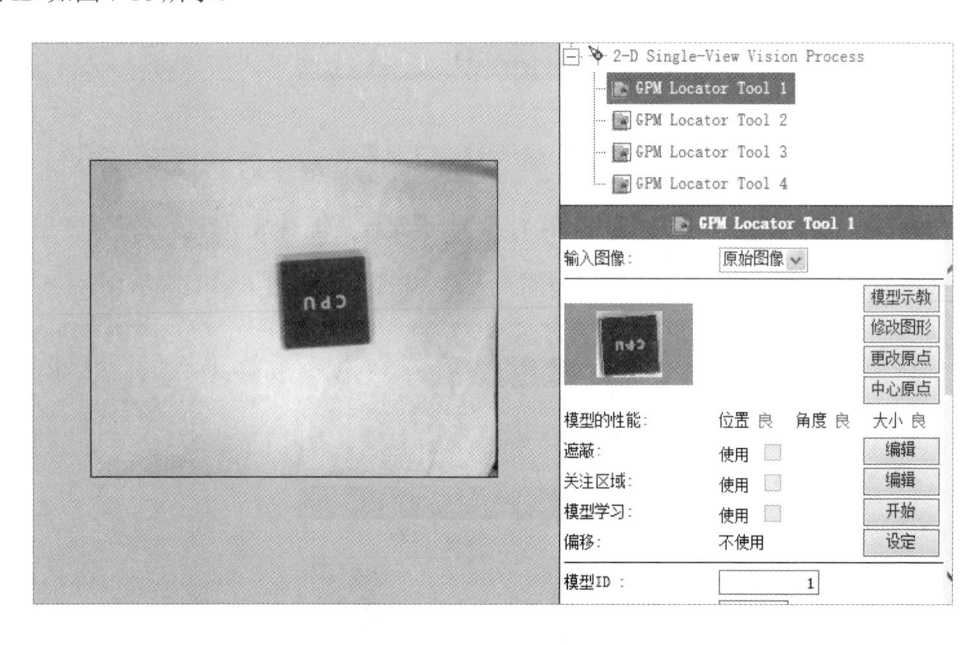


图 7-18　设定模型 ID

（10）所有设置完成后，选择“2-D Single-View Vision Process”选项，点击“检出”按钮，在“基准数据”栏中找到基准位置，点击后面的“设定”按钮。其余参数可以根据需求调高或者调低。设定基准界面如图 7-19 所示。

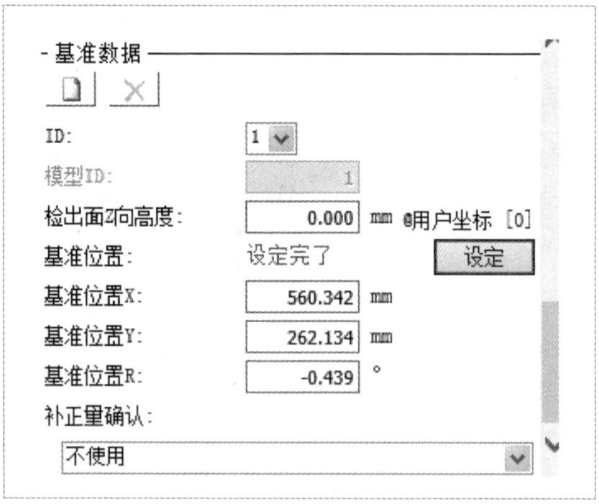

- 基准数据
ID: 1
模型ID: 1
检出面Z向高度: 0.000 mm @用户坐标 [0]
基准位置: 设定完了 设定
基准位置X: 560.342 mm
基准位置Y: 262.134 mm
基准位置R: -0.439 °
补正量确认:
不使用

图 7-19　设定基准界面

## 三、分析分拣生产线应用程序

### 1. PROG CPU 子程序：把芯片放入 CPU 类型中

```
[1]:L PR[101:CPU] 2000mm/sec FINE        //到达 CPU 区域
[2]:WAIT .50 (sec)                       //等待
[3]:DO[109]=OFF                          //放下
[4]:WAIT .50 (sec)                       //等待
END
```

### 2. PROG JCDL 子程序：把芯片放入集成电路类型中

```
[1]:L PR[101:JCDL] 2000mm/sec FINE       //到达集成电路区域
[2]:WAIT .50 (sec)                       //等待
[3]:DO[109]=OFF                          //放下
[4]:WAIT .50 (sec)                       //等待
END
```

### 3. PROG DR 子程序：把芯片放入电容类型中

```
[1]:L PR[101:DR] 2000mm/sec FINE         //到达电容区域
[2]:WAIT .50 (sec)                       //等待
[3]:DO[109]=OFF                          //放下
[4]:WAIT .50 (sec)                       //等待
END
```

### 4. PROG SJG 子程序：把芯片放入三极管类型中

```
[1]:L PR[101:SJG] 2000mm/sec FINE        //到达三极管区域
[2]:WAIT .50 (sec)                       //等待
[3]:DO[109]=OFF                          //到达
[4]:WAIT .50 (sec)                       //等待
END
```

### 5. PROG PZ 子程序：进行拍照检出

```
[1]:VISION RUN_FIND'WW'                  //进行拍照
[2]:VISION GET_OFFSET'WW' VR[1] JUMP LBL[1]
//将检出结果存入视觉寄存器 VR[1]中，若检出失败，则跳转到标签 LBL[1]
[3]:R[3]=VR[1].MODELID
```

```
//把检出得到的 ID 号赋值给数据寄存器 R[3]
[4]:LBL[1]                                    //跳转标签
END
```

### 6. PROG MAIN 主程序

```
[1]:FOR R[100]=1 TO 10
[2]:LP[1] 2000mm/sec FINE                    //到达过渡点
[3]:PR[107,3]=30                             //偏移高度赋值为 30mm
[4]:WAIT DI[1]=ON
[5]:L PR[106:抓料点] 2000mm/sec FINE Offset,PR[107]
//到达抓料点上方 30mm 处
[6]:L PR[106:抓料点] 2000mm/sec FINE         //到达抓料点
[7]:WAIT  .50 (sec)                          //等待
[8]:DO[109]=ON                               //打开吸盘
[9]:WAIT  .50 (sec)                          //等待
[10]:L PR[106:抓料点] 2000mm/sec FINE Offset,PR[107]
//到达抓料点上方 30mm 处
[11]:LP[1] 2000mm/sec FINE                   //到达过渡点
[12]:L PR[105:拍照点] 2000mm/sec FINE Offset,PR[107]
//到达拍照点上方 30mm 处
[13]:L PR[105:拍照点] 2000mm/sec FINE        //到达拍照点
[14]:WAIT  .50 (sec)                         //等待
[15]:DO[109]=OFF                             //关闭吸盘
[16]:WAIT  .50 (sec)                         //等待
[17]:L PR[105:拍照点] 2000mm/sec FINE Offset,PR[107]
//到达拍照点上方 30mm 处
[18]:LP[1] 2000mm/sec FINE                   //到达过渡点
[19]:CALL PZ                                 //调用拍照检出程序
[20]:L PR[105:拍照点] 2000mm/sec FINE Offset,PR[107]
//到达拍照点上方 30mm 处
[21]:L PR[105:拍照点] 2000mm/sec FINE        //到达拍照点
[22]:WAIT  .50 (sec)                         //等待
[23]:DO[109]=ON                              //打开吸盘
[24]:WAIT  .50 (sec)                         //等待
[25]:L PR[105:拍照点] 2000mm/sec FINE Offset,PR[107]
//到达拍照点上方 30mm 处
[26]:SELECT R[3]=1 CALL CPU                  //若检出 ID 为 1，则放入 CPU 区域
[27]:    =2 CALL JCDL                        //若检出 ID 为 2，则放入集成电路区域
```

```
[28]:     =3 CALL DR                          //若检出ID为3，则放入电容区域
[29]:     =4 CALL SJG                         //若检出ID为4，则放入三极管区域
[30]:LP[1] 2000mm/sec FINE                    //到达过渡点
ENDFOR
```

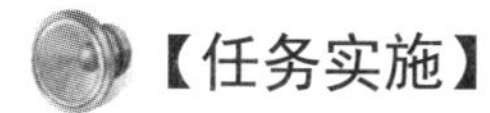

## 【任务实施】

按照表7-2所示的配置视觉场景、编写及调试程序的步骤配置视觉场景，编写工业机器人程序，并对编写的程序进行调试。

表7-2 配置视觉场景、编写及调试程序的步骤

| 步骤序号 | 任务名称 | 实施要点 | 评价模式 |
|---|---|---|---|
| 1 | 安全检查 | 了解各个机械作用及安全防护 | 过程评价 |
| 2 | 设置CPU场景 | 了解iRVision如何判断CPU | 过程评价 |
| 3 | 设置集成电路场景 | 了解iRVision如何判断集成电路 | 过程评价 |
| 4 | 设置电容场景 | 了解iRVision如何判断电容 | 过程评价 |
| 5 | 设置三极管场景 | 了解iRVision如何判断三极管 | 过程评价 |
| 7 | 编写子程序 | 简化程序 | 过程评价 |
| 8 | 编写机器人与各机械的信号交互及视觉数据的应用 | 1．实现各配置之间的互联互通<br>2．机器人数字输入DI[1]是运输带运输到位信号 | 结果评价 |
| 9 | 编写主程序 | 实现各程序之间的互联互通 | 过程评价 |
| 10 | 定点 | 了解每个点位代表的芯片数据 | 过程评价 |
| 11 | 程序的联调 | 对程序进行优化、联调 | 结果评价 |
| 12 | 自动运行程序 | 对结果进行验证 | 结果评价 |

## 【任务小结】

本任务要求能完成综合案例的相关工作任务，会设置视觉系统相关参数，能理解工业机器人程序。在完成任务的同时，要求务必保证设备及人身安全，穿戴好劳动保护用具，遵守各项安全操作规程，实训结束要清理现场。

## 【拓展训练】

如何利用视觉系统将运输带上散乱的各种芯片放入PCB产品的对应类型的空位中。PCB产品板如图7-20所示。

图 7-20　PCB 产品板